インプレスR&D [NextPublishing]

New Thinking and New Ways
E-Book / Print Book

あなたの会社がM2M/IoTでつまづく25の理由

和田 篤士 著

M2M/IoTシステム
調査段階か
さらにローンチ
期間までを解説

はじめに

本書は、企業がM2M/IoTのシステムを導入する際に、どのようなことを考え、どのようなプロセスで検討を進めればよいか、そしてどのような困難に直面するかを解説する、実践的な入門書です。

M2MやIoTとは何を意味する言葉なのでしょうか。
M2Mとはマシン・トゥ・マシン（Machine to Machine）の略語で、機械対機械の通信が行われるサービスのことです。また、IoTとはInternet of Things、すなわち「モノのインターネット」のことで、機械などの“モノ”にデータ通信の機能が付与されてネットワークに接続されることを意味します。

IoTという言葉は、2015〜2016年にマスメディアなどでも多く取り上げられ、一種のブームとも言える流行の技術用語となりました。多くの企業では、IoTの導入が重要な経営課題と位置付けられ、社内のリソースを確保して検討を開始しています。
M2Mという言葉は、もう少し長い歴史を持った言葉ですが、IoTのなかでもそれが業務用のシステムで使用される場合には、IoTとM2Mはほぼ同じものを指すと言ってよいでしょう。

本書は、M2MやIoTと呼ばれる技術のなかでも、特に企業の業務用のシステムとして利用する形態に焦点を当てています。そのようなシステムを社内で導入する際の、調査段階からベンダー選定、さらにローンチ後の運用フェーズの期間まで、どのようなプロセスで検討を進めていけばよいか、そしてその際にどのような点で困難にぶつかるかを解説する本となります。

本書は、実際にM2M/IoTシステムの導入を検討する立場の方のほか、業務用に使われるM2M/IoTのシステムやソリューションに関連するすべての人々を対象としています。

2017年　3月　著者

目次

1

第1章　M2M/IoTの情報収集・調査の進め方

◉

M2MやIoTは多くの日本の企業において、経営上の課題を解決するための重要な手段と位置付けられています。本章ではM2M/IoTのシステムが、企業が行っている事業においてどのように使われていて、どのような価値を生み出しているのか、そして多くのメディアで取り上げられているインダストリー4.0や第4次産業革命という概念との関係について説明します。

1.1 M2M/IoTとはなにか

「上司からM2MやIoTの導入を検討せよと言われました。どうすればよいですか」。

このような状況に置かれている人は多いのではないのでしょうか。

M2Mとは機械対機械の通信のことで、IoTとはモノのインターネットのことです。その基本的な考え方は、「機械が自動的に何らかの情報を送り、それを別の機械で受け取って何らかの処理をするという使い方をする」になります。具体的にはどんな使われ方をしているのでしょうか。

例えば、遠隔監視という使い方があります。これは、動き続けている機械が自分で故障を検知した際にアラームを送ったり、さらに詳細な内部の各部品の状態を計測して通信を経由して送ったりすることにより、保守者による対応を迅速に行うことを可能とします。結果として故障によるサービスの停止期間を短くしたり、大規模な故障に至る前に修理を行えるようになります。

この遠隔監視では、企業はいままで固定的に人員を配置していた場所を無人化したり、あるいは機械の稼働ログを分析して故障の原因を推定するといった、高度な技術知識を持った人間をセンターに集中的に配置したりすることで、組織運用を効率よく行うことができます。これにより保守運用のコストを削減することができ、さらに故障によるサービス停止時間が短縮することによって顧客満足度も高められます。

あるいは、動態管理という使い方もM2M/IoTの用途として非常に多くの例があります。動態管理とは、車両や荷物などの動き回れるものについて、取り付けられたGPSなどのセンサーから得られた位置情報を通信によってセンター側に送って管理することにより、現在の場所や状態を把握するという使い方です。

例えば、自分が送った荷物が現在どこを輸送されていて、いつ到着するかということが高精度で予測できるようになれば、受け取ったあとのアクションのための準備をしておくことができます。あるいは車両の場所を把握することにより、緊急な案件のための車両の派遣を最も近いところの車両で行うことができたり、事故や渋滞による遅延への対応を迅速に行えるようになります。

動態管理による荷物や車両の位置の管理を実施することにより、車両などの運用コストを減少することができ、またサービスを提供する顧客に対しても、到着時期の正確な連絡や遅延の減少により、顧客満足度を高めることが可能となります。

このように、機械が自動的に情報を送る仕組みによって、企業はいろいろな業務について効率を高めたり、顧客へのサービスの向上を図ったりすることができます。

これがM2M/IoTという通信の使い方の最も基本的な例であり、このような使い方を実現するためのシステムがM2M/IoTシステムということになります。

もしあなたが、特に用途を限定しない形で「M2MやIoTについて検討するように」という指示を受けたとすると、その指示はちょっと本末転倒な部分があります。M2MやIoTは経営課題を解決するための手段であって、解決すべき経営課題がない状態でM2MやIoTを検討するということは本来無意味です。しかし、組織の一員であればそのようなことは言っていられませんね。

これは逆に言うと、M2M/IoTは現在日本の多くの企業で導入が検討されている、すなわち日本の多くの企業に共通する経営課題を解決することができると考えられているということで、あなたの会社にもM2M/IoTを導入して効果が上がると見込まれる分野の事業がきっとあるだろうということを意味していると解釈しましょう。

では、あなたが特に用途を限定しない形で「M2MやIoTについて検討するように」という指示を受けたのであれば、まずは社内の事業のなかでM2M/IoTが適用できる事業を探すところから始めることになります。あなたが特定の事業部に所属しているのであれば、自部門の事業でM2M/IoTがどのように利用できるかを調査する必要があります。本章では、M2M/IoTが実際のマーケットでどのように使われているかを説明していきたいと思います。

1.2　M2M/IoTは、どんな業務に使われているか

一般的にM2MやIoTは、以下のような用途で使われています。日々新しい使い方が考案されているのですが、現時点での代表的な用途は以下のようにまとめることができると思います。

① 装置や設備の遠隔監視と制御
② 車両や荷物の動態監視
③ 遠隔医療やヘルスケア
④ エネルギーやメーター、環境モニタリング
⑤ 入出管理や侵入検知などのセキュリティ
⑥ 決済や小売業に関連するサービス
⑦ 自動車での各種通信サービス
⑧ コンシューマーエレクトロニクス

本書では、自動車とコンシューマーエレクトロニクスについてはあまり触れません。本書は、M2M/IoTが企業の業務に使用されるケースを中心に取り上げますので、主な対象は①～⑥までとなります。

次に、上記の①～⑥の用途において、実際に通信がどのように使われ、どのようなデータを運んでいるかを解説してみたいと思います。

① 装置や設備の遠隔監視と制御

装置や設備から発生するアラームを送信し、装置や設備の稼動状態や

装置内の各パーツの診断情報などが装置からセンターシステムに向けて送られます。また、装置の制御をセンター側から行うために通信が使われる場合があります。

② 車両や荷物の動態監視

車両や、荷物を搭載するコンテナやパレットに通信機能を搭載し、移動していく車両や荷物の位置/状態を通信を経由してセンターシステムに送ります。通信端末には多くの場合GPSの機能が搭載され、正確な位置情報を取得する機能を持ちます。GPSで取得した位置情報のほか、車両や作業者の状況、あるいは荷物の周辺の環境情報などがデータとして送られます。

③ 遠隔医療やヘルスケア

体温・血圧・脈拍数・歩行数や運動量などの人体に関する情報や、特別な診断装置によって測定された人体の診断情報、あるいは薬を管理する装置に通信機能が付いていて患者が薬を飲んだかどうかを送るなど、医療や人体の健康に関する情報が送られます。

④ エネルギーやメーター、環境モニタリング

電気やガスなどのエネルギー関連のメーターで測定されたエネルギー利用情報や水道など生活インフラのメーター情報、あるいは温度や湿度などの気候の情報を測定して、通信で送られます。

⑤ 入出管理や侵入検知などのセキュリティ

特定エリアの入退出に関する情報やセンサーによって検知された侵入情報、監視カメラの画像をセンターシステムに送るとともに、施錠や開放に関する制御情報をセンターシステム側から現地の装置に送る場合があります。

⑥ 決済や小売業に関連するサービス

自動販売機や小売店、あるいはポータブル型の決済端末などの用途が、こちらに該当します。自動販売機では、実際にどの商品が売れて、在庫がどれだけ残っているかという情報が送られます。またプリペイドカードやクレジットカードに関する認証と決済情報を送る場合があり、こちらはポータブル決済端末と同様になっています。

【詳細解説1】コマツのKOMTRAXからM2M/IoTの本質を学ぶ

建設機械メーカーであるコマツは、M2M/IoTシステムであるKOMTORAXを非常に早い時期から導入し、さらにさまざまな手法を駆使して、企業全体でM2M/IoTから得られる情報を使いこなしている会社として知られています。

コマツのKOMTRAXについては、非常に多くの書籍で取り上げられています。M2M/IoTのシステムとして、あるいはM2M/IoTで取得したデータの利用方法として、KOMTRAXについてある程度の知識をお持ちの方は多いかもしれません。しかし、名前は知っていても実は詳細は知らないという方も多くいらっしゃると思いますので、詳細解説としてKOMTRAXがどのように誕生してどのように使われているかを、まとめたいと思います。

1）最初は盗難防止システムとして構想された

KOMTRAXが構想された1999年頃は、建設用の重機を盗み、それを使って銀行のATMをまるごと盗み出すというやり方の犯罪事件が頻発していました。コマツは建設機械のメーカーとして、自社の製品がこのような犯罪に使用されることを防ぐため、建設機械が不正に操作されたことを検知してアラームを出し、さらに遠隔で機能を停止するというような、遠隔での盗難防止システムの導入を検討し始めました。この盗難防止用車両管理システムの構想が、KOMTRAXの検討の発端となったのです。

2）レンタル会社の助言で装置の稼働情報を収集することになる

コマツが盗難防止用の車両管理システムの構築を進めていく途上において、コマツにとっては販売時のパートナーとなるレンタル会社から、建設機械の稼働情報を遠隔で管理する機能の追加を提案されたとのことです。稼働情報を管理する目的は、累積の稼働時間に応じた点検の実施や部品の交換を行うことを可能とするためでした。従来は、一定期間にて点検や部品交換を行っていたのですが、これだとあまり使用頻度が高くない装置には過剰に整備が行われることになりますし、逆に非常に使用頻度の高い装置では点検や部品交換を行う前に想定した稼働時間を超えてしまうことになります。それぞれの装置の累積の稼働時間を管理しておけば、それぞれの装置に適したタイミングで整備を行うことが可能になります。コマツはこの提案を取り入れ、盗難防止として構想された車両管理システムに稼働状態の管理の機能を取り入れることになったのです。

3）修理作業の現場の用途に対応

この車両管理システムが実現したもう1つの効果として、位置情報の利用が挙げられます。建設機械が稼働している建築現場は非常に広域になる場合もあり、さらに「住所」が細かく規定された場所ではない場合も多いのです。そのなかで故障した装置の修理に駆け付けたコマツの保守要員が、実際の修理対象の装置を見つけるまでに非常に時間がかかることがあり、これが作業の効率を下げていたと言われています。この問題に対して、遠隔で取得される位置情報を利用することにより、広い建設現場のなかですぐに対象の装置に行き着くことができるようになり、作業の効率化に寄与したのです。

4）中国の建設不況で効果を発揮

この車両管理システムがまったく別の効果を生み出したのが、2004年に発生した中国の建設不況です。中国で利用されている建設機械の稼働がつぎつぎと停止していくことを感知したコマツは、いち早く不況の到来を認識することができ、生産工場の操業をストップして生産を抑制することによって、在庫の拡大を防ぐことができたのです。つまり、建設機械の稼働情報を「景気の状況を感知して今後の売れ行きを予測する情報」として有効に活用し、これにより多くの企業に多大なダメージを与えた中国の建設不況を、最少の損失で乗り切ることができたのです。

5）信用情報としての稼働状況の利用

コマツは、販売会社に対して建設機械の稼働情報を提供し、これにより販売会社は顧客の製品代金の不払いがあった場合に、建設機械の稼働が発生していること＝収入があるはず、ということを証拠として代金の回収を行えるようにしています。代金を支払わない場合には遠隔で建設機械を停止する機能もあるようですが、実際に機能停止を実施することはめったになくて、顧客はこのような根拠で迫られると代金の支払いに応じることがほとんどのようです。稼働状態をこのように使用することは、代金後払いで販売する際の条件として契約で合意されているとのことです。すなわち、稼働状態をモニターするということは、販売時の「信用情報」に代替するものとなっているということになります。これも、M2M/IoTで得られた情報の利用の仕方と言えるでしょう。

6）衛星通信から携帯無線通信併用へ

コマツの車両管理システムは、当初は衛星通信回線を使って実現されていました。実際にコマツの建設機械が使用される場所は、山の中の工事現場であったり、鉱山であったりと携帯電話網のサービスエリア外であることも多く、当初は全面的に衛星回線を使っていたようです。その後、通信費用が衛星通信よりも安価になる携帯電話回線も併用して利用するようになり、現在は機種や設置場所により携帯電話通信と衛星通信を使い分けて使用しているようです。

7）オプション費用無しの標準装備として提供

このサービスは、当初は15万円ほどの追加費用を顧客から徴収するオプションサービスとして提供されたのですが、提供開始からあまり時間が経っていない時期に、オプションではなく標準装備としての提供に変更しています。2004年の中国の不況を検知できたときには、すでに標準装備としての提供が開始されていたようです。当時社長だった坂根氏は書籍のなかで、「利益を削ってまで標準装備とすることを決断できるのは社長しかいない」とおっしゃっています。

8）２台目はサービスで売れ

コマツのスローガンとして有名な言葉に、「2台目はサービスで売れ」というものがあります。これは、すでに1台目を購入してもらった顧客に対して、車両管理システムなどで顧客満足度を高めることにより、2台目の購入時にもコマツを選んでもらうようにする、という意味のようです。同時にコマツでは稼働情報などを参考にして、顧客が買い増しの時期になっていることを感知し、そこに営業をかけるといった「販売促進のための車両管理システムの利用」も盛んに行っているので、このスローガンにはそちらの意味も含んでいるものと思われます。

これらの記述を解析して、KOMTRAXがM2M/IoTシステムから得られた情報をどのように利用しているか解説していきたいと思います。

KOMTRAXがもともとは盗難防止用のシステムとして構想されたわ

けですが、修理の際に位置情報を利用して広い工事現場のなかで目的の機器の場所に行き着くということも加わりました。さらに、建設機械に故障が発生したときのアラームや診断内容の送信も当然行われていると推測されます。建設機械が使われる場所は、なかなか修理に行きにくい場所も多いので、故障時には通信機能を用いてできるだけ故障の内容を把握し、1回の訪問で修理が完了できるよう十分な準備を行ってから派遣しているはずです。このように当初は盗難防止機能という、自社製品の高付加価値化のためにM2M/IoTシステムの導入が構想されたのですが、そこから用途を拡大して自社のオペレーションの改善にも使うようになったと言えるでしょう。

またレンタル会社からのアドバイスで導入した、稼働情報を集計して耐久部品の交換を行うという使い方は、比較的単純ではありますが、蓄積データの分析によって部品の劣化を予測した保守を実現したという意味で、本書でこれから記載していく「予防保全」の先駆け的な実用例になっています。

さらにKOMTRAXでは、各地域に分散して動作している建設機械の稼働状態の「水平的な」集計から、その地域での景気の状況を割り出し、そこから建設機械の需要を推定して営業方針や生産量のコントロールなどに利用しています。これを実現するためには、過去の稼働データの集計と、自社の売り上げデータ、さらには景気動向を示す各種統計資料なども併せて突き合せを行い、予想手法を改善していく必要があります。コマツは、このようなビッグデータ的な情報の利用手法を、ビッグデータという言葉が生まれるずっと前から営々と築き上げてきているのです。

すなわち、KOMTRAXでは、情報をリアルタイムに利用して装置の高機能化やオペレーションの改善を図るシステムとして構想され、単純ながらも実用的な集計的利用も初期から実現されていて、さらにシステムの運用開始後には複雑な統計処理による蓄積情報の利用へと発展していったのです。データ利用の手法はこのように進化するのだということを示す、模範的な発展のありかたと言ってよいでしょう。

もう1つの視点として、KOMTRAXで実現した機能が、コマツという企業内でどのように利用されていったかを解説していきたいと思います。

KOMTRAXの提供開始当初の用途は、盗難防止とメインテナンスでの利用であり、これは「アフターサービス」の範疇のなかでの利用と言えます。特に事業への貢献という意味では、盗難防止機能による高付加価値化と保守オペレーションの効率化、そして保守内容の改善による顧客満足度の向上というのが、システム導入の効果として想定されたものと思います。

しかしコマツは、システム導入のあとに情報の用途が拡大していき、このシステムから得られた情報を「営業」「生産」そして「開発」のために利用するようになっていきました。盗難防止や保守をメインの目的として導入されたシステムであっても、積極的に他部門の業務のためにも利用するという、この姿勢がKOMTRAXのシステムの価値を広げていったと言ってよいと思います。

そして、コマツでは、経営的な判断においてもKOMTRAXから得られるデータを非常に多くのケースで活用しています。KOMTRAXは「遠隔メインテナンスシステム」であると同時に「営業支援システム」でもあり、さらに「経営支援システム」でもあるのです。

つまりM2Mシステムの社内での利用という観点での発展の方向性として、「一部門の利用」から「他部門への価値の提供」へ発展し、さらに「会社経営を支援する情報提供システム」へと昇華するという道筋になっていて、これは模範的な発展の仕方と言ってよいでしょう。

最後にKOMTRAXにおける情報が生み出した価値を、外部へ提供している例を説明したいと思います。

KOMTRAXにおける情報の価値の利用者は、まずはコマツそのものであり、またコマツの建機を購入して利用する顧客であるのでしょう。しかし情報の価値の利用者はこの2者にはとどまりません。もともとの構想段階で建機レンタルの会社からのアドバイスで機能を追加していることでもわかるように、コマツはKOMTRAXで創出される情報の価値を、サプライチェーン上の協力企業にも提供しているのです。レンタル会社はその一例です。また、販売会社の売掛金の回収にもKOMTRAXが利用されていますが、この場合の販売会社というのは多くの場合、コマツから見ると外部の「代理店」ということになるわけで、これも外部企業と言ってよいでしょう。さらに、コマツはKOMTRAXにより装置の耐久性に関する正確な情報を得ていますが、この情報は部品メーカーなどにも提供されていて、部品の品質向上に寄与しているようです。

しかしもっと言うと、情報の価値の提供先はそれだけにはとどまりません。もともと盗難防止システムとしてKOMTRAXが構想されたときの最大の要因は、銀行のATMの盗難を減らすことだったのです。建機そのものの盗難防止は手段であり、目的はATMの盗難防止でした。ATMの盗難を減らすことは、おそらくコマツの事業には直接的な影響はほとんどないと思われるので、これは「社会貢献」を目的としていたと言ってよいでしょう。

すなわちKOMTRAXにおいては、社会貢献もサプライチェーン上の他企業の利用も、構想段階から視野に入っていたと言えるでしょう。これはコマツの特異な例なのだと思います。一般の企業においては、まず自社内での利用→サプライチェーン上のパートナーへの価値提供という順に発展し、最後に社会貢献が議論されることになるかもしれません。情報の価値の提供を企業内部にとどめるのでなく、外部への提供も視野に入れることは、M2M/IoTのシステムを発展させていく際には重要な視点となります。

コマツのKOMTRAXシステム（コマツ提供：IT Leaders作成）

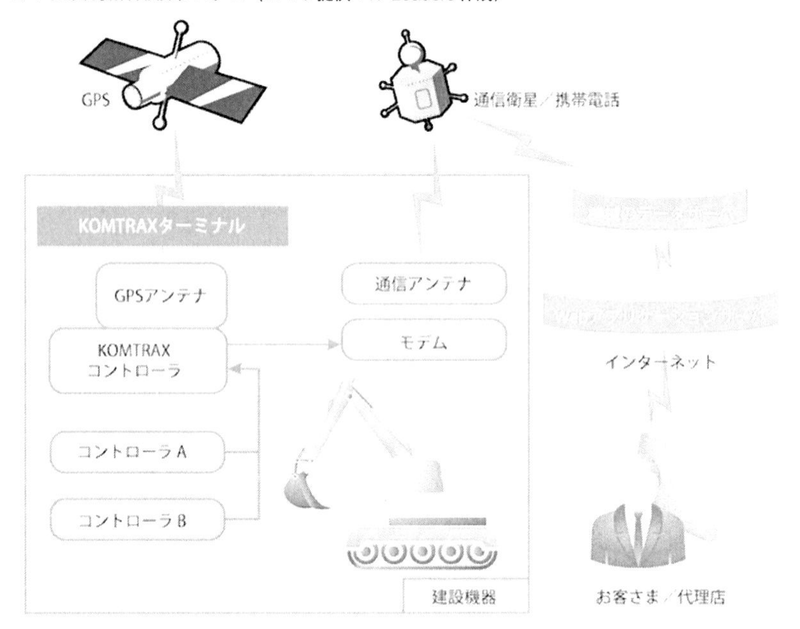

1.3　M2M/IoTシステムが生み出す価値は、どのようなものか

M2M/IoTシステムに限らず、企業が利用する情報システムは、情報に対して何らかの扱いをすることによって企業にとって有益な価値を生み出すものであると言えます。それではM2M/IoTシステムは、企業が行っている事業に対してどのような価値をどのように生み出すものなのでしょうか。以下にM2M/IoTシステムがどのように価値を生み出すのかをまとめました。

① オペレーションの効率化・コスト削減

自社が販売した装置や設備について、故障の際にアラームや装置の診断情報をセンター側に送ることにより、故障対応のオペレーションを改善して保守のためのコストを削減することができます。故障の際に通信でアラームや装置の診断情報を送る機構がない場合、ユーザーから故障の申告を受けて、まず技術者を派遣して実際の故障の内容を把握し、一度拠点に戻り、交換用の部品を準備して再度現地に訪れて修理を行うという手順が必要になります。これだと1件の故障のために技術者や車両を長時間確保する必要があります。しかし、アラームや装置の診断情報を通信で送ることにより故障の内容を遠隔で把握することができれば、現地への訪問は1回ですむようになります。これにより故障対応というオペレーションが効率化され、さらに各保守拠点に配置する人員や車両、修理用のツールなどを削減するにより保守のためのコストを削減することができます。

別の例でいうと、飲料の自動販売機の補充というオペレーションでは、

通信で自動販売機の在庫情報を事前に把握しておくことにより、車両に補充用の飲料を積み込む時点でその自動販売機用の補充品をパッケージしておくことができ、1件の自動販売機の補充作業にかかる時間を短縮することできます。また、そもそも在庫が十分に残っていて補充に行く必要のないところには補充に行かなくてすむため、これもコスト削減に寄与します。

また別の例で、公共の場所に置かれるゴミ箱に通信機能を付けるという新しいサービスを開始しました。自治体などでゴミ箱のゴミの回収はかなりのコストになっていたのですが、このシステムを使うことによりゴミがある量までたまってから回収に行くことができるようになるため、大きなコスト削減が実現できています。

このように通信を使って現地の状況を把握することにより、各種のオペレーションを効率化して人員や設備に関するコストを削減することできるのです。M2M/IoTが使われる目的としては非常に一般的なもので、まずこれが挙げられます。

② 既存サービスの品質向上や高付加価値化

自社が販売した装置や設備の故障対応のためのオペレーションの効率化については前述しましたが、これにより装置のダウンタイムを短縮することは装置のユーザーにとっても価値があります。さらに日々の稼動情報や自己診断情報を通信で取得して、故障の予兆となるような現象を発見して故障になる前に修理を行う「予防保全」という手法により、さらにダウンタイムを減らすことができます。これは通信を利用がオペレーションの効率化だけではなく、品質の向上にも寄与するということを示しています。

また別の例も説明しましょう。前述した宅配便の例で言うと、通信を利用して配送の状況がリアルタイムでシステムに反映することが可能になったことにより、ユーザー（この場合、荷物を送った人や受け取る人）

が、いま荷物がどこまで輸送されていて、実際に届くのはいつごろになりそうか、ということを把握できるようになっています。実際に荷物の追跡サービスを使ったことがある人は多いと思います。

これは、宅配便会社のサービスである荷物を送るというサービスに、新たな付加価値が付けられたことを意味します。例えば、Aという宅配便会社はこのような追跡サービスを提供していてBという宅配便会社はこのような追跡サービスがなかったとしたら、あなたが荷物を送るときに同じ料金であればAを選ぶことが多くなると思います。

このように、M2M/IoTを使うことによりサービス品質を向上させたり、サービスに新しい付加価値を付けたりすることが可能となるケースがあります。これもM2M/IoTが使われる目的として非常に一般的なものです。

③ 装置の稼動結果の“見える化”

水処理装置大手の栗田工業は、自社が販売した水処理装置をM2M/IoTを使って遠隔で情報収集を行うサービスを提供しています。そのサービスの目的の1つが、水処理装置によって清浄な水を提供し続けていることを装置のユーザー企業に“見える化”することにあります。

また、海外のある業務用掃除機メーカーは、空港などの施設で使用される掃除機に通信機能を付けて、システム側で実際に掃除を行った領域を表示するサービスを提供しています。これは空港管理会社と掃除を請け負った会社の間で、契約に記載された区域の掃除を間違いなく実施したことを証明するために使用されています。

このように装置が利用されたこと、あるいはその装置がどのような効果をもたらしたかを、利用しているユーザー企業に“見える化”するということが、M2M/IoTの目的の1つとなっています。

④ 既存サービスのビジネスモデルの変革

現在、企業がサプライヤーからいろいろな装置を調達する際に、装置を購入するのではなく、装置が稼動した時間や装置が製造した生成物の量をベースに装置の費用を支払う方法を要求するということが起こっています。生成物に対する課金の例で言うと、工業用のボイラーであれば供給した温水の量で、工場に圧縮空気を供給するコンプレッサーであれば圧縮空気の供給量で、あるいは製造ラインに組み込まれる製造装置であれば何個の製品を作ったかという生産量ベースで課金するということです。これらの装置を利用する企業は装置を購入するのではなく、装置の使用料金をランニング費用として支払っていくことになります。

このように、製造業の世界では装置を売るだけのビジネスから、装置が稼動した結果生み出される生成物や稼働状況をベースにランニングでコストを回収するモデルへの変革が起こりつつあります。その際に、装置を提供している側が装置の稼働状況を把握することは必須であり、そのためにM2M/IoTが使われることになります。

⑤ 通信を使った新サービスの導入

工場などで使用される圧縮空気を提供するためのコンプレッサーを製造する海外の企業は、M2M/IoTを使って自社が販売した装置の稼動情報を収集し、そのデータをもとに個々のユーザー企業にとってエネルギー消費などのコストが最小になるような装置の使い方をコンサルティングサービスとして提供するということを行っています。

また、カーシェアリングというサービスは、通信を使った機構があってはじめて実現するサービスになっています。カーシェアリングでは、ICカードを使った認証機構によって車両のドアを開けて車両を使えるようになりますが、その際に、予約をしたユーザーのICカードのIDを車両に通信で送り、予約された時間を限定してそのICカードでの車両の利用を許可するという処理が必ず必要になります。

このようにM2M/IoTによって新しいサービスが実現可能になったと

いう例があります。

⑥ 経営支援システムとしての活用

M2M/IoTシステムが生み出す情報は、自社が供給した装置が顧客にどのように使われているかを「見える化」し、さらに多くのユーザーから得られた情報を総合すると産業界の広い範囲の状況をつかむことができ、企業はこれらの情報を経営支援情報として生かすことができます。1.2節の【詳細解説1】で説明したように、建設機械メーカーのコマツは、自社が販売した建設機械からあがってくる稼動情報の変化により建設業界に起こる不況をいち早く感知し、生産量の調整を行って在庫の発生を防ぐなど、M2M/IoTシステムから得られた情報をさまざまな経営的判断の材料にしています。

あなたが自社での事業のなかでM2M/IoTが利用できる分野を探しているのであれば、まずは上記の①～④の用途で効果が上がるものを探すべきです。⑤のM2M/IoTを使った新サービスの検討があなたのミッションだとすると、それはかなり難しい課題となります。この世の中に今までなかった新サービスを考案するというのは非常にハードルが高いので、本書で取り上げた事例や本書で示された手法で取得できる事例をもとに、そのなかで自社で応用できるものを探すのがよいでしょう。

⑥については、これを目的でシステムを導入するというよりは、①～④の目的で導入したシステムがまず稼動を開始し、そのシステムに蓄積されたデータを分析することにより⑥の用途に使えるようになるという実現のされ方をします。

【詳細解説2】情報通信システムが生み出す情報の価値について

M2M/IoTでは、通信と情報処理の技術によって情報に価値を与え、その価値を企業の事業において活用することによって企業の収益の向上につなげます。筆者は、これまでの電気通信に関する事業にかかわってきた経験のなかで情報の価値が生まれる仕組みを考えてきました。ここでは、筆者の経験により考案された情報の価値が生まれる法則を紹介します。

1)『情報は移動すると価値が高まる』

「東京の渋谷の天気が晴れか雨か、気温は何度か」や「目の前の自動販売機の缶コーヒーに売り切れのランプが付いている」などを例として、情報の価値を考えてみましょう。朝のニュースで渋谷や汐留などのビルから撮影した映像が流れることが多いですが、東京都内に住んでいる人間にとっては、その映像、特に空模様に関する映像はほとんど興味を引かないものと言えます。

しかし、それが、地方の都市、例えば札幌や福岡などで、今日これから東京に出張しようとしている人にとってはどうでしょう。もし土砂降りの雨が降っているのであれば、大きめの傘を持っていこうと思うかもしれません。非常に寒そうであれば、着ていくコートを厚手のものに変えるかもしれないですね。つまり、東京から離れた場所で、これから東京に出張する人にとっては、この情報は価値が高いと言えます。

目の前の自動販売機で缶コーヒーが売り切れていたとしても、それを買おうとしていた人は買うのをあきらめるか、別の商品を買うか、という程度の影響しかないので、この情報に大きな価値が見出せるわけではありません。しかし、もしこの情報が、自動販売機を運用している会社の飲料補填のための配送センターに送られたらどうなるでしょう。配送センターでは、この自動販売機に缶コーヒーを補充することにより販売の機会ロスを減らすことができるようになります。つまり、配送センターという場所では、自動販売機の缶コーヒーが売り切れているという情報は価値が高いと言えるのです。

つまり、情報というものは、どこにあっても同じ価値になるというものではなく、それを欲している人、必要としている場所に送られれば価値は高くなる、ということになります。

これが『情報は移動すると価値が高まる』という法則の意味です（どこに移動してもよいということではなくて、しかるべき場所に移動すれば、ということです。念のため）。

そもそも人類は情報を移動させるために、さまざまな資源を投入して移動手段を作り出してきました。

古来より、「のろし」で何かを伝達したり、チンギスカンが馬による情報伝達ルートを作ったり、というのも、情報をしかるべき場所に移動させて価値を高めるためでしょう。同様に、現在の通信サービスも情報を移動させたことより価値を高めて、その対価として通信料金を取っています。ありとあらゆる情報を伝達するサービスは、この法則を実現するために作り出されてきたと言えるでしょう。

現在のインターネットの世界では、受け手にとって必要のない情報を勝手に送りつける人たちが横行しているので、この法則をつい忘れがちになる傾向があります。しかし、M2M/IoTのなかでも企業の業務システムとして使われるものという範囲内で言うと、意図しない情報が送られることはありえない世界なので、この法則が純粋に生きている世界ということになります。

ということで『情報は移動すると価値が高まる』を、情報の価値に関する1つめの法則としたいと思います。

2)『情報を蓄積すると新たな価値が発生する』

一般的に多くの情報には鮮度があり、古くなると価値がなくなっていくものです。例えば、ある日時の自動販売機内の各飲料の在庫の情報はいったん補充されてすべてが満タンになると「補充のための情報」としては意味のないものとなります。しかし、一日に各飲料がどれだけ売れたかという情報を、長期間にわたって蓄積していくとどうなるでしょうか。その蓄積された情報は、その自動販売機でそれぞれの飲料がどれだけ購入されたかを示すデータとなるので、飲料をより効率的に補填していく手法を検討することもでき、売れない飲料をリストからはずして売れ筋の飲料を増やすことにより売り上げ増を図ることもできるようになります。また、同じ会社が運営する複数の自動販売機の売り上げ情報を収集することも、価値を生み出します。どのような場所でより多くの売り上げが上がるかがわかるので、今後新規に自動販売機を設置する際に、より売り上げの上がりそうな場所を選ぶことが可能になるなど、有益な情報を取り出すことができるのです。

これは、1台の自動販売機の1日だけのデータを取得しただけではほとんど価値がない情報なのですが、同じ条件で取得された情報を時系列や空間の広がりのなかで収集蓄積していくと、それが「蓄積された」ということにより価値を生み出すことになります。

ここに2つめの法則が導かれます。

『同じ条件で取得された情報を、時系列的あるいは空間的な広がりのなかで多数を収集し蓄積すると、その蓄積された情報は新たな価値を生み出す』

短く言うと、この章の表題で書いた『情報を蓄積すると新たな価値が発生する』ということになります。

これを2つ目の法則として定義したいと思います。

3)『蓄積された情報は、他の種類の情報と組み合わせて分析されることにより、隠れていた価値を引き出すことができる』

収集し蓄積された情報すなわち「データ」は、それだけで何らかの傾向を示し、将来の予想をすることもある程度可能と思われますが、潜在的な情報の価値を引き出すためには、もう一段高度な分析が有効になります。それは、他のデータと突き合わせて分析するという手法です。

例えば、自動販売機による各飲料の売り上げデータに対して、その周辺の場所の気温の履歴のデータと突き合わせて分析するとどうなるでしょう。気温によって売れる飲料は当然違うはずで、この2つのデータを突き合わせることにより、気候と各飲料の売り上げの相関関係が導くことができるはずです。とすると、天気予報で1週間程度の気温の予想を得ることは容易なので、ここから各飲料が今後1週間でどの程度売れそうかという予想が可能になります。

あるいは、自動販売機がスタジアムの周辺に設置されているケースはどうでしょう。スタジアムで行われたイベントの参加人数は、自動販売機の売り上げに大きな影響があるはずで、それぞれのイベントの動員人数をデータ化して突き合わせることにより、売り上げとの相関を求めることができると思います。スタジアムのこれから先のイベントの予定は、簡単に知ることができるので、自動販売機における飲料の消費の予測もそこから求められるわけです。

このように、蓄積された情報を他の情報と突き合わせると、その情報だけでは得られなかった価値が現れるのです。この価値は、もともとこの情報のなかに潜在はしていたのですが、その情報単体だけを扱っているだけでは取り出すことができなかった価値と言えます。

もう少し一般的にいうと、蓄積された情報Aに対して、同じく蓄積された情報Bを突き合わせて分析することにより、情報Aのなかから価値を取り出すことができるのですが、情報Aと情報Bとの間の関係には、以下の2つの条件が必要になります

■条件1

情報が取得された時間的および空間的な条件が同等であること。つま

り、気温と自動販売機の売り上げを関係付ける例で言うと、気温というのは自動販売機が置かれた地域の気温である必要があり、時刻も実際に購買が行われた時刻の近辺でないと意味がないということです。また、スタジアムの動員人数と自動販売機の例で言うと、分析の対象となる自動販売機はスタジアムの近くにあるもののみです。つまり、突き合わせにおいては時間的および空間的な条件を合致させることができないデータは捨てて、合致する部分だけを抽出して突き合わせる必要があるということです。ま、当然ですね。

■条件2

ＡとＢには、何らかの因果関係が存在する。これも当然ですよね、と言いたいところですが、気温が高いと冷たいジュースが売れるというような因果関係は誰でも思い付きますが、このようなデータ分析における因果関係に関しては、人智では感知しようがない因果関係が発生している場合もあることに注意が必要です。矢野和男氏の著書である『データの見えざる手』という書籍で紹介されている例にある、「店舗内のある場所に人が立っていると、そこからまったく離れた場所の棚にある商品が売れるようになる」というような因果関係のことを指しています。ということで、情報Ａと情報Ｂの間には因果関係がなければならないのですが、その因果関係は、人間によって予想可能なものもあれば、まったく人智の領域を超えた因果関係の場合もある、ということです。

さて、この内容を法則として定義しましょう。

『蓄積された情報は、他の情報と組み合わせて分析することにより、隠れていた価値を引き出すことができる』

これで情報の価値という点に関して3つの法則が定義されたことになります。M2M/IoTシステムが、それを利用する企業に対してどのように価値を提供するかという点に関していうと、この3つの法則でほぼ説明できると言ってよいと思います。

企業において、M2Mのシステムを新規に導入したり、あるいは導入済みのシステムの機能を拡張するというような検討を行う際には、当然ながらその設備投資や費用に対してどのような効果があるかを明確に説明する必要があります。その際に、この3つの法則は、システムが価値を生み出す仕組みの根本原理として利用できるものと思っています。

1.4　M2M/IoTシステムは、業務オペレーションをどのように改善できるのか

1.4.1　業務プロセスの効率化による改善

M2M/IoTによって得られる情報を用いて業務プロセスの効率化を行うことにより、プロセス完了までにかかる時間を短縮したり余分にコストが発生していた要因を減らしたりすることができます。この具体的な方法は、それぞれの業務プロセスを深く分析してどの点で時間やコストの無駄が発生しているかを感知し、M2M/IoTで得られる情報をどのように利用してこの無駄を削減できるかという検討が必要になります。本節ではその検討の際に多く現れるパターンを紹介し、あなたの会社の業務プロセス改善を検討する際のヒントとなるような情報をお知らせいしたいと思います。

M2M/IoTで得られる情報を利用して業務プロセスを改善する際のキーとなる考え方は、以下の2つの状況が発生しているかどうかを検知して、その無駄をM2M/IoTで得られる情報を用いて無くしていく、ということに集約されます。

①情報を取りに行くために人が動く
②情報がモノと一緒に動いているため、モノが到着するまで情報が得られず、次の作業の準備を開始できない

実際にM2Mによるプロセス改善の事例を見て、上記の①や②がどのように発生していて、それをどのように改善することができるのかを考

えてみましょう。

日本コカコーラ社では、自動販売機への飲料の補充について、「１往復オペレーション」と呼ばれるプロセス改善を行いました。従来は、まず作業員が自動販売機のところまで行き、その自動販売機の在庫情報を取得して車両まで戻り、車両にて補充のために必要な分の飲料をピックアップし、パッキングして自動販売機まで運び、自動販売機への補充を行うという、作業者が2往復する工程での補充作業を行っていました。このプロセスだと、例えば、ビルの上の階にある自動販売機や、企業内に設置されて入退出に手続きが必要なケースなどでは、非常に時間の無駄が発生していたことは言うまでもないでしょう。

これを、M2M/IoTにより事前に自動販売機の在庫情報を把握することによって、１往復で補充作業を完了できるようにしたというのが「１往復オペレーション」の中身になります。これによって、自動販売機の在庫情報を取得するために人が移動していた時間を無くすことができるということは1つの重要な効果です。さらにもう1つ、自動販売機ごとの補充する飲料の量を事前に把握して、車両が出発する前にパッケージ化することにより、車両を駐車した状態で飲料をピックアップしてパッキングするという作業を省くことができるようなったため、時間の削減効果は大きかったと思います。これにより、1台の車両と一人の作業員で1日に補充できる自動販売機の数が増大し、車両と作業員を有効に活用することができるようになったのです。

もう1つの例として、航空機のエンジンや機体の診断情報を着陸した直後に送信するシステムの事例を紹介します。M2M/IoTの利用により、飛行中の航空機のエンジンや機体の診断状態を、着陸直後でまだ滑走路を走行している段階でセンターに送ることにより、修理や部品の交換時間を短縮し、飛行機が地上に止まっている時間を短縮することが可能になったというものです。

従来は、機体が止まって保守者が機体に乗り込んだあと、情報端末を直接機体につないで情報を取得する必要がありました。このため「機体の停止」→「情報の取得」→「情報の分析」→「修理作業の内容の確定」→「作業の準備」というプロセスを行っている間、機体は修理作業が始まらず「遊んで」いた（「待ち」の状態になっていた）わけです。これを機体が着陸すると同時にM2Mで情報を送り、情報を即座に分析して修理作業の内容を確定することにより、保守作業者は修理や部品交換の準備をその時点から開始して、航空機が滑走路を走行している間に準備を完了しておくことが可能になったのです。結果として、航空機の機体が修理作業が始まらずに遊んでいた時間を短縮することに成功したという事例となります。

この作業時間の短縮により、1つの機体の1日のフライト数を増やすことが可能になり、これは航空会社の収益の改善に多大な効果が得られたと言われています。

以上のようにM2M/IoTによるプロセス改善とは、人やモノに発生していた時間的な無駄を無くすことによって、人とモノの有効活用を図るというのが代表的な例となります。

1.4.2　無人化や人員配置の効率化によるコスト削減

次に人員を確保するためのコストという観点で、M2M/IoTの利用によるコスト削減方法を解説したいと思います。まず、この観点ですぐに思い付くのは「無人化」による人件費のコストダウンでしょう。つまり、いままで有人で監視を行っていた装置を遠隔から監視を行うことにして、現地を無人化するという方法のことです。これは「無人化」と言っていますが、実際には、「監視要員がゼロになった」ということではなくて、センターに集中的に監視要員を配置することにより、少人数で多くの装置を監視することができるようになったということになります。人員を削減しつつ配置を転換することにより効率化を図ることが本質になります。

上記の説明は単純に人の人数のみに着目した内容になっていますが、実際の企業では、M2M/IoTシステムの導入により現地を無人化して人員配置を変えればといという単純なケースはほとんどありません。それぞれの保守担当者のスキルを考慮して、どのようなスキルを持った人間をどこに配置するかという観点で人員配置の見直しや改善が行われます。つまり、装置の診断データを分析して故障の内容を確定するという難易度の高いスキルを持った人間を、従来であれば地方の保守拠点に分散して配置する必要があったのですが、遠隔監視により診断データがどこにいても得られるようになれば、そのデータの分析ができるスキルを持った人間は1〜2箇所に集中的に配置したほうが人員の稼動効率を上げられます。また、休暇や時間外の対応なども1〜2箇所にスキルを持った人間が複数配置されているほうが柔軟に対応できるので、緊急事態に対応できる状態を可能な限り長い時間維持するには適しています。

これは、保守を行う対象のエリアが海外にまで広がると、さらに効果が上がります。日本企業による装置や設備の保守において、国内では地域ごとの保守拠点も多く、それぞれの拠点における保守人員も終身雇用で長期に勤務するスキルの高い人間であることが期待できます。しかし、その企業が海外に進出した場合、海外では拠点の密度も低くなり、各拠点の人員も勤続年数の短さから高いスキルが望めず、教育を行ってもすぐに辞めてしまうため、スキルの維持が難しい状況に置かれます。したがって、遠隔での装置からの情報収集を可能にし、日本に置かれたセンターの高スキルな人員が問題の解析を行い、現地の作業員に指示を出して対応するという保守体制を組むことの有効性が海外を対象とした保守においてはより重要となるのです。この目的でのM2M/IoTシステムの導入に関しては、日本からではなくて海外から始めたいという企業も多くあります。

このように、M2M/IoTシステムの導入により人員配置の効率化を図ることができ、必要となる人員の数を増やさずに保守などの作業の質を向上することができるようになるのです。

1.5　M2M/IoTシステムで蓄積されたデータからどのような価値を取り出すことができるのか

1.5.1　蓄積情報から価値を取り出す手法の基本的な考え方

蓄積情報から価値を取り出す方法の基本は、蓄積情報のなかに含まれる何らかの「パターン」を見つけ出し、その「パターン」が発生したあとに起こる「次の事象」を予測するという手法にあります。すなわち、蓄積情報から取り出される価値というのは、データのなかに現れる「パターン」と「次の事象」の「法則性」ということになります。価値そのものというよりは、価値を生み出すための方法であり、その方法が価値を持っているということで、ようするに「価値を取り出す方法としての価値」であるわけです。

実際にこの「法則性の価値」を有効に活用するためには、まずは過去のデータから法則性を導き出し、その法則を現在リアルタイムで得られた情報に対して適用し、近未来に起こることを予測するという形となります。これにより、未来に発生する事象を予測して、それに適切な対処を行うことができるようになるというのが、実際の事業でのメリットになります。

1.5.2　「法則性」を発見するための手法と利用するデータについて

蓄積された情報から、データが示すパターンと未来に起こる事象との因果関係の法則性を導き出す手法については、ビッグデータに関する書籍などで多く紹介されています。筆者はこうした手法に専門的な知識を持っているわけではないので、詳細な解説は専門の書籍をご参照ください。

本項で一点だけ述べたいのは、法則性を導き出すためのデータとして、M2M/IoTシステムから得られるデータだけではなく、システムの外部から得られるデータが必要になることが多いということです。

例えば、自動販売機による飲料の売り上げと気温との関係の法則性を見つけたい場合、気温のデータは一般の気象情報として得られる情報のほうが有効な場合が多くなります（自動販売機が設置されている場所の気温を取得することは技術的には容易ですが、自動販売機が設置された場所の気温はその場所での空調の状況などに強く依存し、自動販売機で飲料を買う人が実感している気温を示すわけではない点に注意が必要です）。

また、産業用機器の事例において、装置の稼働率が増えてくることが新しい装置の販売の増加につながるという法則性の場合、新しい装置が売れたという情報はM2M/IoTシステムからだけは得られないことになります。M2M/IoTシステムから見ると外部のシステムに当たる、販売管理システムなどから提供されるデータと突き合わせて法則性を作り上げていくことが必要になるわけです。

したがって、M2M/IoTで得られる蓄積情報から価値を取り出す場合には、システムの外部からのデータの提供が必要になる場合が多く、社内の各業務がデジタル化されていることが必要になる場合が多いと言えるでしょう。

1.5.3　事例から見る蓄積情報の利用方法

実際のビジネスにおいて、M2M/IoTで得られる蓄積情報はどのように利用されているのでしょうか。実際の事例をいくつか挙げてみましょう。

まず1つ目は、第1章で紹介したコマツのKOMTRAXの解説で記載した、装置の稼働情報から今後の販売量を推定するという利用方法です。

これは、個別顧客において、次の機種の購入の時期を予想するという「営業ツール」的な利用方法も含まれますし、より広い範囲での稼働情報の集計により、その地域全体での需要の動向を把握して生産量や社内リソースの配分を調整するというような「経営支援ツール」的な用法も含まれます。

また、最近流行しているのは1.5節でも紹介した「予兆診断」というコンセプトです。これは、装置に取り付けた各種センサーで生成されたデータを分析し、故障の前に現れる兆候を読み取って、装置が故障する前に修理や交換を行ってしまう手法のことを言います。

最後に挙げたいのは、蓄積データから多くのユーザーによる自社製品の利用状態を分析して、例えばエネルギーや消耗品の消費を最小化したり、故障を最小化したりするような「装置を最適に使用する方法」を、コンサルティングとして有償で提供する、というビジネスが始まりつつあるということです。もともとコンサルティングという業態は、企業が利益を増大化する方法を伝授することにより対価を得るというものです。ビッグデータと親和性の高いビジネスであるのですが、この例はまさに「価値を生み出す方法」を価値としてマネタイズするというビジネスの例となると言えるでしょう。

1.6　M2M/IoTシステムがもたらすビジネスモデルの変革とはなにか

現在、工場などに置かれる装置や設備を提供する際に、装置そのものを販売するというビジネスから、装置が生成した成果物や稼動した時間をベースに課金するというビジネスへビジネスモデルの変革が起こりつつあります。これは「装置のサービス化」などと呼ばれることが多いのですが、これを実現するためにはM2M/IoT通信が必要になります。

装置の稼動や生成物の量によって課金を行う場合、料金の請求元である装置メーカーと請求先である工場運営者は、装置の稼動情報を取得する必要があります。しかも、どちらかがどちらかの取得した情報をコピーしてもらうというような相手側に依存した情報の取得方法だと、情報の信憑性に疑義がわいてしまいます。そのため、請求元と請求先は、それぞれ独立した方法によって装置の稼動情報を取得する必要があります。

工場の側は、装置がどれだけ稼動したか、あるいはどれだけの成果物を生成したかは、全体の工場の操業情報や生産量の記録などから把握することが可能です。問題は、装置を提供した側であり、装置を提供した側は自前の通信経路にて装置の稼動情報を取得する必要があるのです。このため、主に携帯電話用の無線などを用いて、装置の稼動情報を装置メーカーのシステムに送信する仕組みが必要になります。

M2M/IoTシステムは、この仕組みを実現するために必要となるのです。

1.7　M2M/IoTの事例は、どこで入手することができるか

あなたがM2M/IoTシステムの導入を検討する際にも、それを社内に提案する際にも、自社にとっての競合企業や類似する事業を行っている企業がM2M/IoTをすでに導入しているか、そしてどのように使っているかという情報は非常に重要です。

日本企業において経営陣の意思決定をすんなりと引き出すには、「競合がすでに実施している」という説明が最も効果的なのです。あなたがM2M/IoTシステムの導入を検討しているのであれば、事例調査は必ず必要になります。それでは、M2M/IoTの導入事例が入手できるサイトを紹介していきます。

まず、日本の携帯電話事業者が公開しているM2M/IoT関連の導入事例を紹介します。以下のURLがNTTドコモのM2M/IoTの導入事例を紹介するサイトです。

・NTTドコモ
　http://www.docomo.biz/html/m2m/casestudy/

こちらには、本書で取り上げたコマツをはじめとする、20社の事例が掲載されています（2017年1月現在）。珍しい使い方の例はあまりなく、M2M/IoTの王道をいくような事例が多いという印象があります。

次はKDDIのWebサイトでM2M/IoTの導入事例を紹介しているページです。

・KDDI

http://www.kddi.com/business/mobile/m2m-solution/case-study/

こちらは2017年1月での段階では11社の事例が掲載されています。

ソフトバンクおよびY!モバイルの事例紹介のサイトでは、M2M/IoTだけではなく他のカテゴリーの法人事例も混在して掲載されていて、M2M/IoTの事例はあまり多くありません。

・ソフトバンク

http://tm.softbank.jp/case/

・Y!モバイル

http://www.ymobile.jp/biz/casestudy/

システムインテグレータにも、自社がシステムを提供した事例を掲載しているところがあります。M2M/IoTの分野では老舗中の老舗ともいえる安川情報システムの導入事例のサイトには、9社の事例が掲載されています。どれもどのような経営課題をどのようなアプローチで解決を図ったかが説明されていて、たいへん参考になるサイトです。こちらはぜひともご覧になるとよいでしょう。

・安川情報システム

http://www.ysknet.co.jp/product/system/component/m2m/results.html

海外のサプライヤーの事例紹介サイトについても、いくつか紹介しましょう。これらはすべて英語で書かれていますが、これまで日本ではあまり使われていなかったような業態での事例もあるので、これから新しい分野でM2M/IoTの用途を考えるにはむしろ参考になるかもしれません。

まずは通信キャリアについて見てみましょう。世界の通信キャリアのうち、調査会社の調査などでM2M/IoTの用途での実績について一番評価されているのはVodafoneです。Vodafoneの事例を見るには、VodafoneのIoTビジネスのサイトにまず入ります。

・Vodafone
http://www.vodafone.com/business/iot

このページの下のほうに「Case Studies」と書かれたボタンがあるので、そこをクリックすると、M2M/IoT関連の事例を見ることができます。事例の数は70社を超えており、さまざまな分野の応用例をここで見ることができます。

M2M/IoT用の通信端末のサプライヤーとして有名な会社というとDigi Internationalという会社になります。この会社の事例紹介ページはこちらになります。

・Digi International
https://www.digi.com/industries

またM2M/IoT用のサーバアプリケーションとして、グローバルに最も知られているのは、PTCという会社が提供するThingWorxというアプリケーションです。PTC社のM2M/IoTの事例はここで紹介されています。

・PTC社
http://www.ptc.com/internet-of-things/customer-success

これ以外にも、M2M/IoTに関するニュースサイトや、各種書籍やムックには、多くのM2M/IoTの導入事例が掲載されています。そちらも参考になるでしょう。

1.8 インダストリー4.0や第四次産業革命とはなにか

M2M/IoTについて検討していくなかで、「インダストリー4.0」や「第四次産業革命」という言葉を聞くことも多いと思います。このような言葉には会社の上層部も関心があるはずです。今後あなたが会社内で議論を進めたり、最終的に提案をまとめたりするためには、インダストリー4.0や第四次産業革命がどのようなもので、そのなかでM2M/IoTがどのように位置付けられているかを把握しておく必要があります。

まずインダストリー4.0について解説しましょう。インダストリー4.0とは、2012年頃からドイツ政府が提唱するコンセプトです。M2MやIoTに代表される情報通信系のテクノロジーを用いて、多品種少量の生産をより高効率低コストで実現する方策を提唱しています。

インダストリー4.0

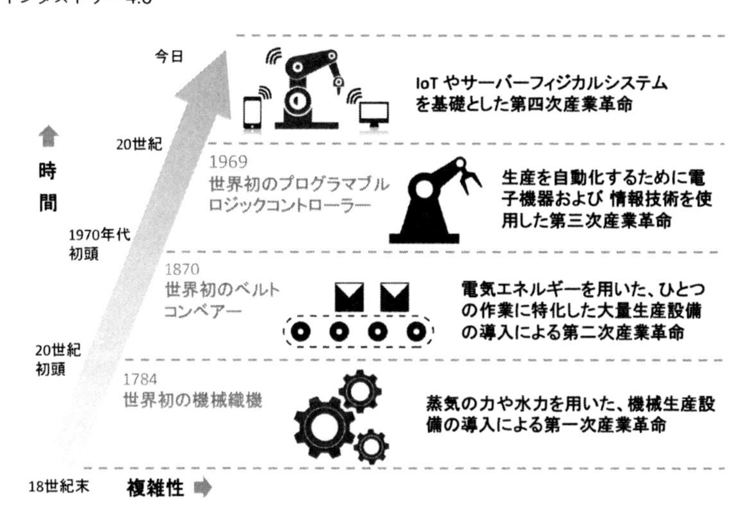

この実現手段として、以下のような技術の利用を挙げています。

・工場にある製造装置のネットワーク化
・瞬時に製造するものを切り替える製造ライン
・サプライヤーとのネットワークによる連携
・製造装置の予兆診断・予防保全
・さまざまな個性を持った作業員にそれぞれ適切な方法で指示を出して快適に作業をしてもらう環境

1つ注意すべきことは、インダストリー4.0とは、コンセプト的なもの、もしくはスローガン的なものであって、実際の技術仕様ではないということです。この点においてインダストリー4.0は世間から誤解を受けていると指摘する人もいます。

技術仕様ではないということは、すなわち工場のネットワーク化やサプライヤーとのネットワークによる連携について、それを実現するための通信の方式や実際に送られるデータの形式などを規定していないということです。したがって、通信機器やサーバー上のアプリケーションなどの個々の構成要素についての仕様を定めるものではないので、インダストリー4.0準拠の装置やアプリケーションと謳っているものは、コンセプト的にその方向性で作られたものであるという以上の意味はないということになります。

次に第四次産業革命ですが、これは日本の経済産業省が報告書のなかで使った用語であり、IoTやAI、ビッグデータなどの技術によって、多くの分野の産業で業界構造が急速に変化しているという状況を指しているものです。報告書では、日本における産業構造や雇用体系の改革の必要性を説き、日本が強みを発揮できる分野での競争力の強化を謳っています。

それでは、あなたの会社がM2M/IoTの導入を検討する際に、インダストリー4.0や第四次産業革命について何か考慮する必要があるでしょうか。それらの現状認識やコンセプトを参考にすることで、導入するシステムが長期的な産業の発展の方向性に合うようすることは重要です。しかし、具体的なシステム仕様についての検討において取り入れるべきものはほとんどないと考えて大丈夫です。もし、あなたが作成する社内提案を承認する人たちが、これらの言葉を気にしているようでしたら、社内提案がインダストリー4.0や第四次産業革命が前提とする現状認識や将来の方向性に合致していることを触れるだけで問題ないでしょう。

【詳細解説3】予兆診断、予防保全とは何か

現在、工場内で使用される製造装置や設備において、M2Mによる遠隔監視が広まっている背景には、「予防保全」や「予兆診断」という考え方が普及してきたことも要因の1つとして挙げられます。「予防保全」と「予兆診断」はいずれも装置の故障を事前に予知して、故障する前に修理や部品交換を行うというコンセプトであることは共通しています。しかし、「予兆診断」が装置内に設置されたセンサーから得られた情報を用いて、装置の状態の微妙な変化を察知して故障を予知するというデータ解析的な行為を想定した概念であることに対して、「予防保全」は累積の稼働時間から適切な時期に部品交換を行うというような、これまでも行われてきた経験に基づく保守行為も含んだ内容となっています。

どちらの言葉にも共通するのは、装置のダウンタイムを限りなくゼロに近づけるという目標を持っていて、それをM2Mによって得られた遠隔監視の情報で実現するという部分です。

特に「予兆診断」は、近年急速に進歩している技術と言えるでしょう。具体的には、前節で述べたように、定期的な診断情報を解析し、そこから何らかの異常が装置内で起こっていることを感知して、装置が停止してしまうようなレベルの故障が起こる前に修理を行うということです。

ここでは日本人が得意な“職人芸”が効果を発揮することもありますし、またビッグデータの技術を用いて過去の故障の前に発生していた稼働状態の変化を読み取り、それを現在の稼働情報に適用して故障の予兆を読み取るというようなことも行われています。

これにより、可能な限り装置の故障を事前に防ぎつつ、いざ実際に故障が発生してしまった場合には、通信を用いたアラーム送信で即座に故障の情報がメーカー側に通知され、遠隔での診断により故障の内容が特定されたうえで、必要な交換部品などを持った作業員が駆けつけることで、早急に復旧することができるわけです。

1.9　工場のネットワーク化とM2M/IoTはどのような関係なのか

前節で述べたインダストリー4.0とも関連するのですが、日本の製造業では「工場のネットワーク化」が1つのトレンドとなっています。これと、M2M/IoTの関係はどうなっているか、本節で説明したいと思います。

工場に置かれる製造装置に通信の機能を付ける目的は、大きくふたつに分かれます。1つは製造装置を供給したメーカーが、稼動状態や故障を検知して遠隔で保守を行うために提供する通信機能であり、多くは携帯電話用の無線が使用されます。もう1つは、工場の生産ラインに置かれた各製造装置から個々の製品の生産過程に関する情報を収集することによって、生産ラインの工程を改善するためのネットワークの構築です。これは「工場のネットワーク化」などと呼ばれています。

前者の供給メーカーによる遠隔保守については、本書がまさに対象としているようなM2M/IoTの用途であり、本書が解説する内容全般が当てはまりますので、ここでは特に説明を加えません。後者の「工場のネットワーク化」については、本書の他の章ではあまり触れることがないので、ここで説明したいと思います。

オムロンは、富士通と共同で自社工場におけるネットワーク化の実証実験を行いました。オムロンのホームページに記載されるこちらの記事など、多くの場所で紹介されています。

http://www.omron.co.jp/press/feature/2015/20151013.html

この実証実験の結果は、かなり衝撃的なものになっています。オムロンが自社工場で行った実証実験がどのようなものかというと、オムロン製の制御装置用の回路基板を製造するラインにおいて、ラインに流れている製品がそれぞれの製造装置をどの時刻に通過したかをネットワーク経由で集約し、それを折れ線グラフ的に可視化するものです。システムとして比較的単純な仕様のものを使い、ラインのなかで製品の流れが止まる状況、およびラインの切り替えや点検などでラインそのものが止まっているという状況を可視化して、問題点を洗い出すという実験です（ラインに流れている製品の動きを折れ線グラフ的に可視化する処理については、富士通製のソフトウェアを利用したとのことです）。

可視化したあと、状況を分析して改善するという部分は、高度なデータの分析などを使用するのではなく、ラインの流れの遅延やラインの停止それぞれの原因を業務記録などからアナログ的に取り出して、1つ1つ改善策を作っていくという、伝統的な品質改善の手法に近い方法をとっていたようです。

この実証実験を1年間継続的に実施した成果として、製造効率の30％向上という非常に高い効果が得られたのです。オムロンが製造装置そのもののメーカーとしても非常に有力なメーカーであるにもかかわらず、です。

それぞれの製造装置が、ラインから流れてきた製造品をいつ処理したのかをネットワーク経由で通知するだけ、そしてそれをタイムラインとして表示するだけ、という特に高度とも言えないシステムを使うだけで、生産ラインの効率が30％向上するということになれば、これは自社で工場を持つ企業としては即座に検討を開始するレベルの数値と言ってよいでしょう。

なお富士通は、本実証実験に提供したソフトウェアを、工場の生産性向上のためのツールとして「VisuaLine」という製品名で販売を開始しました。このソフトウェアでは、生産ラインに製品が流れていく様子を線グラフで表すことにより、生産ラインの異常や作業のための停止がいつ発生したかを把握することが可能になります。

最近になって工場のネットワーク化を検討する企業が急速に増加している背景には、このオムロン社の実験のように工場のネットワーク化が非常に大きな効果をもたらすという実証結果が出ていることも大きいでしょう。

もう1つ例を挙げましょう。

三菱電機はPLCのシェアが日本のトップであり、工場内で稼動している多くの装置は三菱電機製のPLCによって制御されていると言ってもよいでしょう。その三菱電機は、2003年ごろから工場のネットワーク化とそれによる生産性や品質の向上をもたらすソリューションの提供を始めていて、非常に多くの賛同を得ている状態と言われています。生産性向上の例では、三菱電機内のサーボモーターの工場において2005年に工場のネットワーク化を行い、それによって生産性が1.8倍に向上するという結果を出しています。オムロンの実証実験よりもさらに良好な結果と言えるでしょう。

オムロンも、PLCのメーカーとして有力な企業の1社ですが、三菱電機は日本メーカーとしてはトップのシェアを持つ企業です。その三菱電機が、オムロンの実証実験以上の結果を2005年の段階で出しているというのは、非常に先進的であると言ってよいでしょう。

また、2016年4月にファナックは、工場のIoT化を推進するプラットフォームとして、「FIELD System」というコンセプトを発表しました。この枠組みは、ファナックのほかにシスコシステムズや米ロックウェル・オートメーション、東大発のベンチャー企業であるPreferred NetworksなどのパートナーNが参画し、通信部分を担うことになるNTTとともにIoTプラットフォームの構築を目指すものです。この枠組みは、オープン化が基本的な考え方になっていて、国内外の多くの企業にも参加を呼びかけています。

このように、工場の生産ラインで稼動する各製造装置をネットワークで結び、生産過程における無駄や問題点を抽出して改善を可能とするシステムを導入することにより、生産ラインの生産性が向上するという実例が多く出てきていて、現在多くの企業では同様の仕組みの導入が検討されています。

工場のネットワーク化と製造装置の遠隔保守のための通信の利用については、いまのところ両者を同時に実現するようなサービスはあまり存在しておらず、それぞれが別々に検討されているというのが実状です。あなたの会社が工場を運営する立場なのか、工場で利用される装置を供給している立場なのか、それによってどちらが適用できるのかが決まってくることになります。

【つまずきポイント1】

上司から漠然とM2M/IoTの導入を検討しろと言われましたが、どうすればよいのかわかりません。

【解決策】

本来、M2M/IoTは経営課題を解決する手段であり、解決すべき経営課題を明確化しないままM2M/IoTの導入を検討するように指示を出すのは本末転倒です。しかし、それでは業務命令を果たせないので、自社の事業のなかでM2M/IoTで解決できる経営課題を探しましょう。

【つまずきポイント2】

M2M/IoTシステムを使用することによってどのように自社の収益を改善できるかという説明がうまくできません。

【解決策】

1.3節で説明した①〜⑥のうち、①のオペレーションの効率化・コスト削減は事業収益への貢献の仕方は明確ですね。②〜⑥については数値化するのは難しいのですが、既存サービスの品質向上などによる顧客満足度の向上は、既存ユーザーがもう一度自社製品を購入してくれるというリピート率に貢献しますし、それ以外の項目は新規マーケットの拡大に貢献します。これをもとに事業への貢献内容を説明しましょう。

【つまずきポイント3】

自社の事業において、どのような業務にM2M/IoTシステムを使用すればオペレーションの改善ができるのかがわかりません。

【解決策】

自社の業務プロセスのなかで、情報を動かすために人が動いているものや、情報が届くのを待っている時間に人や機械が何もできずにいるようなプロセスを探しましょう。このようなプロセスに対して、1.4節で説明したように情報を通信で送ることができれば、オペレーションの改善ができます。

【つまずきポイント4】

M2M/IoTの導入検討において他社事例を調べるように言われていますが、どのように入手できるかわかりません。

【解決策】

1.7節で紹介したURLを見てみてください。また、最近では書籍やムックなどで多くの事例を掲載しているものもあります。現在ではこのようにM2M/IoTの導入事例はいろいろなところで紹介されていますので、きっと見つかると思います。

【つまずきポイント5】

M2M/IoTシステムを導入してデータが蓄積されてきたときに、そのデータをどのように使用すればよいかわかりません。

【解決策】

蓄積したデータを利用するためには、まずデータを分析することが必要になります。データの分析により、うまくいっている使い方を見つけ出したり、データの変化とその後に起こる事象との因果関係の法則を見つけて事業に有益な情報を取り出したりすることができます。

【つまずきポイント6】

最近、自社が提供する装置をサービスとして提供してほしいという要望がユーザー側からきていますが、会社としては反対しています。そのためM2M/IoTシステムの導入にも反対する人が社内に多いです。

【解決策】

たしかに装置のサービス化のためにはM2M/IoTシステムの導入が不可欠ですが、M2M/IoTシステムを導入したからといって装置のサービス化もしなければならないということはありません。装置のサービス化に反対であっても、他の理由でM2M/IoTシステムの導入によりメリットが得られるのであれば、M2M/IoTシステムの導入を進めるべきです。逆に、装置のサービス化は装置を購入する側からの要求になりますので、あなたの会社がM2M/IoTシステムを導入しているかどうかにかかわらず要求されます。この理由で、M2M/IoTシステムの導入をやめることには意味がありません。装置のサービス化がどれだけ普及するかは、中長期的に業界全体のビジネスモデルがどう変わっていくかに依存するので、あなたの会社としても対応するための準備はしておいたほうがよいでしょう。

【つまずきポイント7】

自社内でインダストリー4.0という言葉をよく聞きますが、M2M/IoTの導入検討においてインダストリー4.0に対応する必要があるのでしょうか。

【解決策】

ドイツが提唱するインダストリー4.0はすばらしいコンセプトですが、あなたの会社が導入するM2M/IoTシステムがインダストリー4.0に完全に合致している必要はありません。インダストリー4.0のコンセプトのなかであなたの会社で使えそうなものだけをピックアップして実現を検討するということで大丈夫です。

【つまずきポイント8】

競合他社が予兆診断、予防保全をすでに実施しているので、自社でも早く始めるようにとの指示を受けました。

【解決策】

予兆診断や予防保全を実現するには、過去のデータの蓄積が必要です。M2M/IoTシステムを導入して実際の装置から情報を取り始めて、そのデータの蓄積がある程度の量になって初めて統計的に裏付けられた予兆診断や予防保全を実現することができます。他社への遅れをすぐに取り返すことはできませんが、まずは早くM2M/IoTシステムを導入してデータの蓄積を開始しましょう。

【つまずきポイント9】

あるベンダーから工場設備のIoT化ソリューションの提案を受けましたが、自分が検討している内容とかけ離れていてピンときません。

【解決策】

工場のIoT化には、工場内にある装置をネットワークで接続して工場のネットワークを作って生産効率や品質の向上を図るという方向性のものと、装置メーカーが自社の提供した装置のメインテナンスのため通信を利用するというふたつの方向性があり、この方向性が違っている提案を受けてもあまり参考になりません。この構図を理解したうえで、あなたが受けた提案がどのようなものかを見直してみましょう。

2

第2章　システムの導入を社内提案して意思決定するときの進め方

◉

M2M/IoT システムは、企業においては特定の部署における業務システムでありながら、他の部署や経営陣にも利用されることから、導入のための意思決定の際にさまざまな角度からの検討が必要になります。本章では、そのような側面から M2M/IoT システムの特徴に焦点を当て、導入のための検討をどのように進めて行けばよいかを説明します。

2.1　あなたの会社のどの事業にM2M/IoTを導入するべきか

それでは実際にあなたの会社でM2M/IoTのシステムを導入するための検討をどのように行えばよいか、記載していきたいと思います。

まずはあなたの会社が行っている事業のなかで、M2M/IoTを導入して何らかの効果が上がることが期待できる事業はどれなのかを選ぶことが必要です。あなたの会社が行っている事業のなかで、第1章で上げたM2M/IoTの適用例に該当するような事業があり、その事業においてまだM2M/IoTが導入されていないのであれば、そこには大きな可能性があります。その事業の現状でのサービスの内容や実施されている業務プロセスを分析して、M2M/IoTの導入に適しているかどうかを検討しましょう。

ここで注意してもらいたいのは、M2M/IoTがすでに多くのサービスで使われているのですが、あなたの会社の事業にM2M/IoTを適用するということが、そのサービスのユーザーになることではないということです。例えば、あなたの会社のオフィスや倉庫はどこかの警備会社にセキュリティの監視を委託していると思います。また、物品を輸送するのに宅配便会社を使うことも多いと思います。警備会社は、企業に設置した監視端末から通信を使ってアラーム情報などをセンターに送っています。宅配便会社は、ひとりひとりの配達員が通信端末を付与されていて、集荷や配達時にはバーコードを読み取って荷物の配送状況をセンターに送っています。つまり、普段から意識せずに使っているこれらのサービスは、実際にはM2M/IoTを使って進化発展をしてきたサービスなのです。

しかし、M2M/IoTをあなたの会社の事業に適用するということは、警備会社や宅配便会社のユーザーになるということではありません。そうではなくて、宅配便会社が、配達員に持たせる専用の通信端末を作り、そこから通信で送信される情報を集めて、荷物の配送状態を管理するシステムを導入し、そのシステムを使った新しい業務プロセスを作り上げたのと同じように、あなたの会社が行っている事業において通信を使ったシステムを導入して新しい業務プロセスを作り上げることを検討することなのです。

そのような視点で、あなたの会社のいろいろな事業を見てみて、本章冒頭の①～⑧に該当するような分野を見つけて、そこにM2M/IoTが適用できるかどうかを調査していくことにより、あなたの検討のターゲットを絞り込んでいくことができるのです。

2.2　M2M/IoTとは、誰のためのシステムなのか

現場の業務改善ツールと経営支援システムというM2M/IoTの二面性

M2M/IoTシステムは、業務用システムとして企業に使われています。企業では、業務を行う事業部が導入し、その事業部の事業におけるオペレーションの改善や生産物の品質向上・高機能化などに使用されます。この用途は、企業の実際の現場での業務改善ツールという位置付けとなります。

しかし、コマツのKOMTRAXの例でも見られるように、M2M/IoTシステムによって蓄積されたデータを分析することによって、営業や製品開発などの社内の複数の部署で利用できる情報を生み出すことができます。さらに企業経営のための情報を生み出すこともできるのです。これは、企業にとっては経営支援システムと言えるものです。

M2M/IoTシステムは、企業にとっては現場の業務改善ツールと経営支援システムという二面性をもった存在となります。これが、多くの企業によって導入が検討されている理由でもあり、同時に社内検討から導入の承認を得るまでに多くの検討を行わなければならない理由ともなります。

本章では、この二面性を理解したうえで、社内の導入検討をどう進めればよいのかについて解説したいと思います。

2.3　M2M/IoTシステムの導入のための検討はどのように行えばよいか

それでは、あなたの会社がM2M/IoTシステムを導入するための検討は、どのように行えばよいのでしょうか。まず、重要なことは、システムの導入当初から手を広げすぎないことです。M2M/IoTシステムをある程度の期間運用し続けていくと、データが蓄積されていき、それを利用した価値が取り出せるようになるのですが、システム導入当初はそれがありません。したがって、蓄積されたデータに依存しないオペレーションの効率化、コスト削減、既存サービスの高付加価値化などの価値に焦点を絞り、機能を大きく広げないで当初のリリースを目指すべきです。

そして、このオペレーションの効率化、コスト削減、既存サービスの高付加価値化の当事者となる事業部門において、検討チームを作りましょう。M2M/IoTシステムは事業用のシステムですから、事業部側に検討チームを作ることが最も効果的な検討体制となります。

しかし、同時に将来は他のシステムとの連携やデータの相互利用などにより、データ分析による価値の生成も視野に入れる必要があります。この第2のステップも絵に描きつつ、そこへつながるような仕組みを当初のシステムに具備しておくことも必要となります。したがって、当初の機能を利用することになる事業部門が検討の中心になることは重要ですが、将来データを利用することになる他の部門、例えば開発部門や営業などとも情報交換を密に行い、第2ステップ以降で実現されるシステム拡張のイメージを共有しておくことが重要になります。

社内体制を作る際にもう1つ考慮しなければならないのが、情報システム部門をどうするかという問題です。現在、日本の企業の情報システム部門は、事業部が導入する事業用のシステムの構築や維持管理についてまったく関与できていないケースもあれば、積極的に改革を進めて十分な能力を獲得しているケースもあります。実際には、後者のほうが例は少ないと思います。もしあなたの会社の情報システム部門が事業用システムの構築や維持管理について能力を持っていないのであれば、M2M/IoTシステムの検討には最低限の関与にとどめるべきでしょう。ただし、情報システム部門との関係が良好に保てないと、例えば社内承認の過程において非現実的なセキュリティ要件を要求する抵抗勢力のようになってしまう可能性もあります。顔を立てるべきところは顔を立てつつ、うまく付き合っていく必要があります。

いずれにしろ、情報システム部門に丸投げすることは得策ではなく、事業部側に検討チームを作り、そこに必要に応じて情報システム部も含む他の部門から応援や助言を頼むというのが現実的な検討方法となるでしょう。

逆に、あなたが情報システム部門であったり、新規機能を開発することを主担当とする部門に所属して、検討を進めるミッションを持っているという場合であれば、実際にM2M/IoTの機能を使う実務部門を検討チームに巻き込むことが必須になります。例えば、装置の遠隔監視システムであれば、保守・アフターサービスを提供している部門ということになります。実務部門が深く関与していない状態で検討を進めても、結局は導入を本格的に検討するところには到達しないので、とにかく実務部門を検討チームに引き込むように動かなければなりません。

どのようなベンダーと協議をすればよいかは第3章に記載しますが、最終的にベンダー選定を行う際の候補となるベンダーに対してRFIを発行して、大体の予算の規模とスケジュールを把握することも重要です。

また、PoC（Proof of Concept）ということで、小規模な検証用のシステムを構築し、自社の装置にセンサーや通信端末を装着してデータを送り、簡易なアプリケーションでデータを解析して表示するという実験を行ってみることも、システム導入の効果を把握し、社内の多くの人にシステム導入後のイメージをつかんでもらうために有効な手段です。

これらについて、検討の過程で必要に応じて実施するのがよいでしょう。

2.4　M2M/IoTシステムの導入を会社として意思決定をするためにはどのような提案を行えばよいか

日本の会社の一般的な社内プロセスでは、担当部門が行った調査に基づいて事業企画に関する提案書を作成し、役員会などの合議機関で「事業承認」を得るということが一般的です。

「事業承認」とは、ようするにM2M/IoTシステムの導入を行うこと自体の承認を得るということであり、これを得ることによって予算の確保へつながり、社内の他の部門のリソースを使った検討も進められるようになります。

「事業承認」を得る手続きや提案に記載すべき内容については、それぞれの会社で独自のルールがあると思います。そして、当然ながらその会社でどうすれば事業承認を得やすいかというノウハウが各部署にあるでしょうから、本書ではその部分には触れません。本書では、M2M/IoTシステム導入における事業承認を取得する際の注意事項として、以下の2つの点を挙げておきます。

1つはM2M/IoTシステムを導入することの意思決定と、どのベンダーを選ぶかというベンダー選定は、できれば別々に行ったほうがよいということです。ベンダー選定の際には、コストの増大や開発期間の長期化を避けるため各部門が出してくる要件を絞り込んでいく作業が必要になり、いろいろな部門の要求を聞き届けるのが難しい状態になる場合が多いでしょう。その際にM2M/IoTシステムを導入することの意思決定ができていない状態だと、そもそも導入自体をしなくてよいのでないかと言い出す部署が現れ、社内の議論が錯綜する場合があります。つまり、M2M/IoTシステムの導入自体には賛成しているはずの合議参加者が、実際に選択するベンダー、あるいはベンダーが実現しようとしている機能について反対する内容があるがために、M2M/IoTシステムの導入自体に反対してしまうような構図になる場合があるということです。

このようなことを避けるためにも、まずM2M/IoTシステムを導入することの意思決定を行い、その後ベンダー選定を行うほうが、スムーズに進む場合が多いと感じています。

もう1つは、M2M/IoTシステムが業務用システムとしてだけ使われるのではなく、将来の機能拡張により経営支援システムとして使うことができるようになる可能性を意識して提案を行うということです。検討チームは実務面を中心に検討することが多くなると思いますが、実際に社内の提案を評価して最終決定を行うのは経営層です。経営層の人たちは、他社の事例においてM2M/IoTシステムが経営にも生かされている例を知っている可能性が高く、そのような期待を持ってあなたの提案を見ることになります。もちろん、導入時にそこまでの機能を盛り込むことは現実的ではありませんが、第2ステップ以降でのシステム拡張のシナリオを用意して、そこで経営支援のための情報を生成するような方向性を提案には記載したほうがよいでしょう。

これは、業務システムとしての費用対効果の評価を緩和するというメリットもあります。業務用システムとしての費用対効果がぎりぎり赤字が出ないという程度であっても、将来の経営支援システムとしての発展性を考慮した評価で、案件が承認されるという可能性もあるのです。将来の経営支援システムとしての活用についての説明を加えることは、そのような意味もあるので、ぜひとも加えておきたいところです。

【つまずきポイント10】

自分が検討しているM2M/IoTシステムは装置の遠隔監視のためのものなのですが、経営陣が検討内容にいろいろと注文をつけてくるのはなぜでしょう。

【解決策】

M2M/IoTシステムは、現場のための業務システムという側面と、経営者のための経営支援システムという2つの側面を持っています。経営陣が経営支援システムとしてのM2M/IoTシステムの導入に興味を示しているということは、システム導入のための意思決定を得る際の追い風になりますので、その期待に応える提案を検討しましょう。

【つまずきポイント11】

社内のいくつかの部署から人が集まって、M2M/IoTシステムの導入の検討チームができましたが、それぞれの部署が思い描いているシステムのイメージに差があり議論がまとまりません。

【解決策】

M2M/IoTシステムはデータが蓄積されていくにつれて進化していくものであり、最初に導入するときのシステムから多くの機能に対応することは非現実的です。当初に導入するM2M/IoTシステムの機能は、主担当部署が必要としている機能だけとするという割りきりが必要です。他の部署の人は将来の拡張イメージを共有し、将来の拡張がスムーズに行くような設計を最初から盛り込む点にフォーカスすべきです。

【つまずきポイント12】

M2M/IoTシステムの導入を経営陣に提案していますが、会社としての意思決定が得られません。

【解決策】

M2M/IoTシステムの導入のメリットを粘り強く説明していくということになりますが、日本の会社の意思決定を早く進めるキーとなるものは、①競合他社がすでにやっている、②お客さまから要望が多い、この2つです。なんとかこの2つのどちらか（できれば両方）の情報を得られれば、非常に大きな説得材料になります。

3

第3章　ベンダー選定の進め方

◉

企業がM2M/IoTのシステムを導入する際には、システムを構成する各要素についてベンダーを選定していく必要があります。本章では、M2M/IoTシステムにおける典型的な構成要素を紹介し、それらについてどのように選定を進めていけばよいかを説明します。

3.1　M2M/IoTシステムの構成要素はどうなっているのか

本節ではM2M/IoTの全体構成を示し、それぞれの構成要素について解説するところから開始したいと考えます。

下に示した図が、M2Mの全体構成図です。これは、各装置からの情報を送るために携帯電話用の無線通信を利用する形の、最も“典型的”なM2Mの構成図となります。むろん、M2M/IoTというのは、この形態のみにとどまるわけではありませんが、ここでは主にこの形態で表されるシステムを対象に解説を進めていきたいと考えています。

M2Mの全体構成図

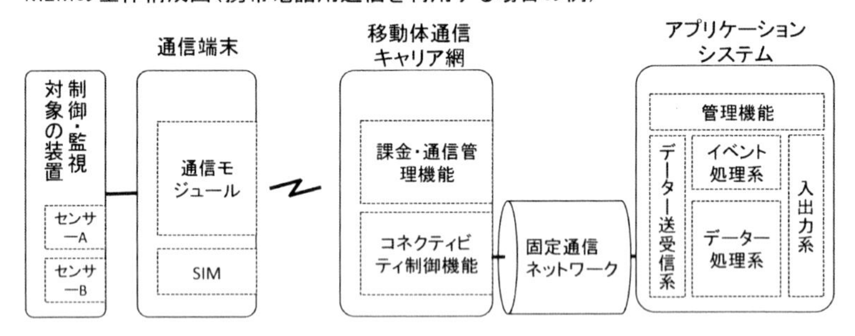

構成図を説明していきましょう。

まず一番左には、遠隔制御・遠隔監視の対象となる機器が置かれます。これは、例えば自動販売機、工作機械、建設機械、エレベーターなどの、M2M/IoTによって制御・監視の対象となるさまざまな装置です。

そして主にその装置の内部（周辺の環境情報を取得するため装置の外

部に置かれる場合もある）に、装置の状態を取得するセンサーが設置されます。センサーで得られる情報は、装置の全体の動作を制御する部分に送られることが多いのですが、通信端末に直接送られる場合もあります。

その次に、通信端末が置かれます。通信端末は、遠隔制御・監視の対象の装置の動作を制御する部位に接続されることが多く、その間のインターフェースには、ローカル通信が利用されます。ここでいうローカル通信とは、Ethernet、RS232、USB、WiFi、ZigBeeやBluetoothなどです。この通信端末は、この図の前提では、携帯電話用のデータ通信に対応した無線通信機ということになります。

そして、その通信端末は、携帯無線通信の機能を実装するために「通信モジュール」を搭載することがほとんどです。ここで言う「通信モジュール」とは、携帯電話用無線に対応するためのハードウェア一式をとりまとめてモジュール部品としたものです。このような「通信モジュール」を利用すると、通信端末のメーカーは無線に関する細かい回路設計などを行わずに携帯電話用の通信機能を実装することができることから、M2M/IoTの通信端末を開発する際にはよく利用されています。

また、通信端末には、通信キャリアから提供されるSIMが搭載されます。

真ん中に位置するのは、通信キャリアが提供する通信路の部分です。M2M/IoT用途の約半数が携帯電話用の通信を利用しているので、ここでは通信端末が携帯電話用の通信サービスを利用するという前提で説明を進めたいと思います（携帯電話以外の通信については3. x章で説明します）。

通信端末が行う無線通信は、携帯通信キャリアのネットワークを経由し、通信キャリアは、無線通信サービスを提供するとともに、その通信の利用の対価としての課金を行います。課金や通信サービスへの加入状態を制御する管理システムを通信キャリアは持っています。

通信キャリアは、固定通信ネットワークを経由して、企業の持つアプリケーションサーバーに通信を伝送します。つまり、個々の通信端末との間は無線通信で、そして、それらを束ねる形で固定通信ネットワークを介して企業のアップリケーションサーバーと通信端末との間のデータ通信を実現しているということになります。この固定通信ネットワークの部分は、国内の通信キャリアの場合はIP-VPN※1を用いることがほとんどです。海外の通信キャリアの場合は、インターネットVPNを用いる場合もあります。いずれにしろ、何らかの形でセキュリティを確保した固定通信ネットワークで通信キャリアと企業のサーバーとの間が接続されるということになります。

※1　IP-VPNとは、通信事業者が保有するインターネットからは切り離されたネットワークを用いて提供されるIPプロトコルを用いた通信サービスで、企業の拠点間のデータ通信などに使用されています。

そして、一番右には、企業のアプリケーションサーバーが置かれています。これは個々の機器に対して遠隔制御・遠隔監視を行うためのアプリケーションが動作しているサーバーです。最近ではクラウド上に実装されるケースも増えていますが、クラウドかオンプレミスのサーバーかというのは、ここでは問いません。アプリケーション自体も、それぞれの企業が独自に開発する場合もあれば、M2M用の汎用的なアプリケーションが使われるケースもあります。

いずれにしろ、それぞれの企業のM2M/IoTを使用した業務を実現するためのアプリケーションが作り込まれたサーバーということになります。

以上が、M2M/IoTシステムを構成する構成要素となります。

【詳細解説4】携帯電話用通信方式は移行の過渡期にある

現在、全世界的な状況で言うと、携帯電話用の通信方式が切り替わる時期になっています。

北米の大手通信キャリアであるAT&Tは2016年末をもって2G（=GSM/GPRS）のサービスを廃止しました。またオーストラリアの最大の通信キャリアであるTelstraも2016年末に2Gを廃止しています。

2017年はシンガポールやオーストラリアにおいて全キャリアが2Gを廃止することが予定されていて、世界のいろいろな地域で2Gが完全に使えなくなるという状況が起こりつつあります。

それでは3Gと呼ばれるWCDMA（HSPAも含む）の方式についてはどうでしょうか。ヨーロッパでは、3Gのカバレッジの拡大がまだ完了していない状況でLTEのサービスが開始されているので、現状のカバレッジの状況は

2G>3G>LTE

となっています。この状況のなかで、2Gではなくて3Gを廃止してしまおうということを言い出す通信キャリアが現れ始めています。

ノルウェーの通信事業者であるTelenor Norwayは、2020年までに3GであるWCDMA方式のネットワークサービスを廃止し、2GであるGSM/GPRSは2025年を目処に廃止するということをすでに発表しています。

この主張は確かに合理的です。どうせ「低速サービス」として残すのであれば、エリアが完備されていない3Gよりも、すでにエリアが完備されている2Gを残したほうが余計なコストがかかりません。また、多くのヨーロッパの国々では2Gのみの通信モジュールが安価だったため、電気やガスのメーターに取り付ける通信端末や、自動車に取り付けられた緊急通信用の通信端末など、2Gのみに対応した通信端末が多くの機器に取り付けられており、これを簡単に廃止することができなくなっています。

また3Gで使用されているCDMAという通信技術は、技術ライセンスの費用が高く設定されているので、インフラ装置も端末装置もライセンス料のため価格が高いというマイナスもあり、3Gはあまり通信キャリアから好まれていない通信方式でした。そのような複合的な要因が作用し

て、2Gよりも3Gを先に廃止してしまおうという「合理的な」主張が生まれてきているのです。

ノルウェーの通信キャリア以外に、2Gよりも先に3Gを廃止するとアナウンスしているキャリアはありませんが、ヨーロッパの通信キャリアにとってはかなり現実的な案として検討されているのです。

つまり3Gについても中長期的な時間レンジにおいては、将来もサポートされ続けることが約束された通信方式ではなくなっているのです。

それではLTEはどうでしょうか。

LTEのカバレッジは、北米や日本では急速に拡大していて、2017年のうちに既存サービスとほぼ変わらないカバレッジを持つと推測されています。しかし、北米や日本以外の地域のほとんどでは、大都市圏など限定された地域のみがカバレッジとなっているのが現状です。

またLTEは、M2M/IoT用途で利用すると考えると、いささか過剰なスペックであると言われています。通信速度が速いため、データのやり取りを行うプロセッサの処理能力やメモリサイズが大きいものを使用する必要があり、結果として端末装置のコストが増大してしまうのです。また、全世界で端末を販売したり利用したりしていくことを考える上で、LTEで使用される無線の周波数があまりにもバラバラで、多くの地域をカバーするような端末装置を作ることが困難ということがあります。

例えばアメリカでは主要な周波数としては700M、AWSバンド（上りが1700Mで下りが2GHzのバンド）、そして1900Mが使われますが、それ以外に2.5GHzや800Mも使われます。ヨーロッパでは2.6GHzと1800Mおよび800Mが主に使われていますが、いくつかの地域では2.1GHzや900Mも使われています。

ここだけを見ても、アメリカとヨーロッパの両方をカバーするような端末を作ろうとすると、対応しなければならない周波数が多すぎて、実際に作ることは非常に難しいという状況が生まれています。

世界的には、中南米はアメリカと共通する周波数を利用することが多く、アジアはヨーロッパと共通する周波数が主に使われています。そのため、北中南米向けとヨーロッパ・アジア向けの2種類の端末を用意して、エリアで使い分けるというのが一般的です。

では、日本のLTE用の周波数はどうでしょうか。日本では、2.1GHz、1800M（1.7GHzと言ったほうがわかりやすいかもしれませんが、LTEの世界では1800Mと呼ばれています）、1500M、900M、800M、700Mが使用されます。これは、アメリカと共通性が高いわけでもなく、ヨーロッパと共通性が高いわけでもありません。つまり全世界を可能な限り少ない種類の端末でカバーしたいと考えた場合に、日本はいささか困った国という扱いになるわけです。

そのため、通信端末を量産するときに生産量を増やせず、通信端末の価格の低下があまり実現できないということが問題になります。また全世界を同一の通信端末でカバーしようとする際にも、困難が発生してしまうのです。

また、これは後続の章にて詳細を解説しますが、現在M2M/IoTのための通信方式として、NB-IoT（Narrow Band IoT）やLTE Category Mという低速で端末の消費電力を低減できる通信方式が標準化され、これから普及が期待できます。しかし、2017年の段階では、一部の通信キャリアにて実証実験が行われている程度の状況であり、全世界に普及するにはあと数年はかかると言われています。

つまり2017年から2020年くらいまでの間は、通信方式の移行の過渡期とも言える状況となっていて、M2M/IoT用の通信端末を製造する企業も、M2M/IoTを商用で展開しようとしているユーザー企業にとっても、どの通信方式をサポートするかが悩ましい状況になっているのです。

3.2 M2M/IoTシステムのサプライチェーンはどうなっているのか

携帯無線通信を使用するM2M/IoTにおいては、そのシステムを構築するためのサプライチェーンは基本的には以下に掲載した図で書き表せられます。「あーわかるわかる」という人もいらっしゃるでしょう。この図は、私がまだM2M/IoTの初心者だった時代に先輩から教わりつつ描いたのですが、その後何年もこの業界で仕事をしてきていて、いまだにこの絵はM2Mのビジネスモデルの基本中の基本であり、業界を理解するうえでは最初に見るべき絵だと思っています。

M2Mのサプライチェーン図

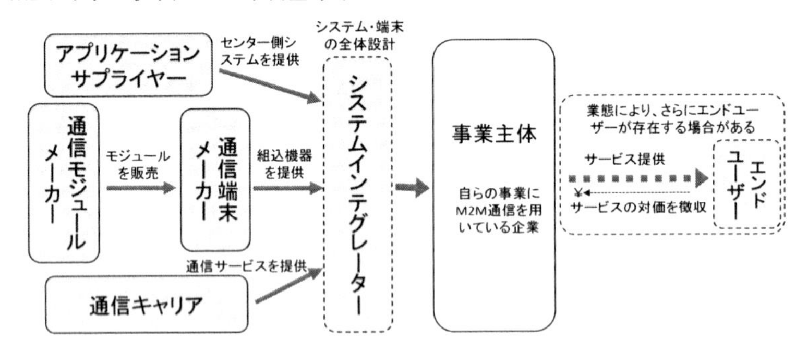

まずは、この図に出てくる各プレイヤーがどのような役割を果たしているのかという説明から始めます。

この図の中心にいるのは、事業主体です。「事業主体」とは何でしょう。M2M/IoTにおいては、企業がある事業を行っていて、通信サービスはその事業のために使用されることになります。例えば、自動販売機にM2M/IoTを使用する場合、M2M/IoTは個々の自動販売機の在庫状況を通信で送って、商品の補充の効率化や売り切れによる機会損失を低減するために使われます。この場合の事業主体とは、自動販売機の運営を行っている企業ということになります。このようにある事業を行っていて、M2M/IoTの通信をその事業のために使っているその企業を事業主体と定義しています。

重要なのは、ここで言う事業というのが継続性を持った事業を指しているという点です。単にモノを売って終わり、というビジネスは、M2M/IoTにはなりえないということです。仮にモノを販売するという事業形態であっても、継続してアフターサービスを提供するのであれば、M2M/IoTが使用される場合があります（アフターサービスからお金を取っているかどうかは問いません。無償でもアフターサービスを継続して提供するのであれば、そのためにM2M/IoTを使用するというケースは存在します）。

すなわち、事業主体とは、継続的な事業を行っていて、その事業にM2M/IoTを使用している会社ということになります。

次に通信キャリアですが、これは文字通り通信サービスを提供するキャリアということになります。実際には携帯通信を使用するM2M/IoTであっても、固定側の通信も使用する場合が多いので、この図で言う通信キャリアが提供する通信サービスというのは、携帯通信と固定通信の両方を指す場合が多いと言えます。実際のビジネスにおいては、携帯通信の通信キャリアが固定通信も含めてすべてを提供するケース、固定通信のキャリアがMVNOとして携帯通信のサービスも併せて提供するケース、携帯通信と固定通信が別のキャリアから提供するケースなどのパターンがあります。

最近は、海外の通信キャリアがグローバルな通信サービスを国内の企業に提供するというビジネスを始めており、既存の勢力図に変化が起こっていると言えます。

通信端末メーカーに関しては、M2M/IoTにおける通信端末は、汎用的な通信端末と特定用途の通信端末に分かれます。汎用的なM2M/IoT通信端末というのは、例えばEthernetのポートにて機器と接続するモバイルルータのような機器や、RS232などのシリアル通信で機器と接続するモデムのような機器のことを指します。特定用途用の通信端末とは、事業主体が実現したい業務のために専用の通信端末が必要な場合に作られますが、事業主体の企業自身が製造したり、事業主体の企業からの依頼で通信端末のメーカーが製造したりします。

通信モジュールメーカーは、通信機メーカーに対して部品として通信モジュールを提供する立場です。通信に関するノウハウがここに集中しておりM2M/IoTのビジネスモデル上でも大きな意味を持つポジションなので、サプライチェーン図にあえて1つの枠を設けて記載しています。

ちなみに前節のM2Mシステムの全体構成図では、通信モジュールと同様の位置にセンサーがあったのですが、センサーを購入する企業は一般的には通信端末メーカーではなくて装置メーカーですので、このサプライチェーンの図にはセンサーメーカーは出てきません。

図の上の方にあるアプリケーションサプライヤーには、M2M/IoT用のサーバーアプリケーションを「それのみで」提供しているサプライヤーが入る場合もありますが、システムインテグレーターがM2M/IoT用のサーバーアプリケーションも持っていて、それを提供するという場合もあります。M2M/IoT用のサーバーアプリケーションとして単体で提供されるものの多くは、海外製のアプリケーションを日本の代理店が販売しているケースが多いです。

システムインテグレーターは、通信端末と通信キャリア、サーバーアプリケーションを統合的に動作する状態にして事業主体に提供する存在です。以前は、事業主体が通信端末や通信キャリアを選択した上で、特定用途のサーバーアプリも含めた「一品もの」のシステムを個々の事業主体向けに作り上げるというビジネス形態が主流でした。その場合、システムインテグレーターは事業主体が選んだ各ベンダーの機器やサービスをつなぐ役目だけをしていました。しかし、最近は通信端末からサーバーアプリケーションまでをトータルソリューションとして提案することが可能なシステムインテグレーターが多く現れ、既存の資産を横展開しつつ、効率よくソリューションを構築することが可能になってきています。

図の右端には「エンドユーザー」が置かれています。この図においてはエンドユーザーとは、事業主体が行っている事業において、その事業のユーザーとなっている人もしくは企業ということになります。ただし、明確にエンドユーザーが存在しないというケースもあるので、枠を点線で描いています。

これが、M2M/IoTの最も典型的なサプライチェーンを表す図ということになります。

この図で一番重要な点は何かと言うと、このサプライチェーンにおいて事業主体より上流にいる企業に流れるお金のすべては事業主体からもたらされる、ということです。事業主体が、自ら行っている事業で利益を上げ、そのなかの一部分がM2M/IoTのためのシステムを構築・維持するために使われるのですが、このサプライチェーンの上流に現れる各企業は、この事業主体から支払われる費用を収入として事業を行っているということになります。すなわち、M2M/IoTを導入することにより、事業主体はM2M/IoTを使わない場合よりも大きな収入が得られる、あるいはM2M/IoTによって事業を行うコストが削減されるという効果が必要になり、そうして得られた事業主体にとっての収益上の増加分が、M2M/IoTのサプライチェーン上の各企業に回っていくという図式です。

【詳細解説5】M2M/IoTのシステム構築におけるシステムインテグレーターの役割

日本の企業がITシステムを導入する際には、システムインテグレーターに開発や運用を依頼する場合がほとんどです。M2M/IoTシステムについても、最近では他のITシステムと同様にシステムインテグレーターが関与するケースが大部分になっています。ここでは、M2M/IoTシステムの導入に関してシステムインテグレーターがどのような役割を果たしていて、どのような価値を作り出しているのかを解説したいと思います。

1）M2M/IoT業界におけるシステムインテグレーターの技術面での役割

M2M/IoT業界でシステムインテグレーターがどのような役割を果たしているか、まずは技術的な側面から見ていきます。

M2M/IoTのシステムは、大まかに言うと、モバイル通信端末、通信キャリアの通信サービスそしてサーバーアプリケーションで構成されます。しかし、それらを別々に調達してしまうと、相互接続がうまくいくかどうかは購入した側、すなわちM2M/IoTのシステムを導入する企業が保証しなければならなくなります。

また通信キャリアからサーバーまでの間でデータを運ぶためのネットワークの構築や、サーバーアプリケーションと通信端末上で動くローカルアプリケーションとの間でデータ連係を行うためのカスタマイズ、さらに、モバイル通信端末のローカルインターフェースに自社の装置を接続してセンサーから得られた情報を適切にモバイル端末で処理できるようにするなど、さまざまな構築、開発、カスタマイズの業務を行わなければなりません。

すなわち、M2M/IoTのシステムを構築するということは、異なるサプライヤーから提供される個々の装置を、物理レイヤーからアプリケーションレイヤーまでのさまざまな階層において接続し、問題がなく動作することを試験で確認していく作業になります。

また、システムの運用が始まったあとで障害が発生した場合に、もしユーザー企業が個々の要素を別々に調達しているとすると、障害の原因はどのサプライヤーが提供した装置に起因するのかを自分で切り分けて、障害の発生源となっているサプライヤーに修理交換を依頼することが必要になります。これを行うためには、システム全体の動作を理解できるだけの高度な技術的な知識を持った人間が必要になります。

ほとんどのユーザー企業は、このようなことに対応できる専門的な知識や十分なリソースを持っているわけではありません。そのような状況において、個々の装置やサービスを独自に選定して別々に調達するということは、それらの装置やサービスの相互接続性の責任をすべて自社で持つことになり、現実のビジネスにおいてこれを実施するのは非常にハードルが高いと言えます。

システムインテグレーターは、この世に数ある通信端末や通信キャリア、サーバーアプリケーションのなかから、相互接続可能なものを選定し、相互接続性を保証したうえでユーザー企業に提供するという役割を果たします。個々の要素に関して言うと、ユーザー企業が直接選定して調達するよりも高くなる場合もあるでしょう。また当然ながら、個々の要素をシステムインテグレーターを通じて購入する場合は、システムインテグレーターのマージンの分だけコストは上昇します。

しかし、それらの価格上昇要因があっても、相互接続性の保証と障害発生時の手順の簡略化はユーザー企業に十分なメリットがあると言えるでしょう。

2）システムインテグレーターのビジネス面での役割について

それでは、システムインテグレーターのビジネス面での役割はどのようなものになるでしょうか。

まず言えることは、契約とそれに付帯する調達や請求の一本化でしょう。個々の要素を別々に調達するとなると、契約は個々のサプライヤーと個別に締結することが必要になります。海外企業から調達する場合は、契約書が英語だったり、準拠法や管轄裁判所が外国のものだったりして、個々の条件交渉は非常に大変です。調達においても、サプライヤーごとに最小購入数量や納期などが異なるなかで、必要な時期に必要な物品を確保するのはかなり煩雑な作業になります。使用する通貨も円だけではなく、外国通貨が入り混じってくる可能性があります。システムインテグレーターはこれらの部分をある程度吸収して、ユーザー企業の煩雑な作業を減らすというメリットを提供します。

またオペレーション面でもシステムインテグレーターが効力を発揮する場合があります。M2M/IoT用のモバイル通信端末は、使用開始までの間のどこかでSIMを装着して、通信や動作に関する各種設定を行う必要があるのですが、システムインテグレーターの多くは、これを実施した状態でユーザー企業に提供する機能を持っています。

また、品質保証や輸出入関連の手続きなどにおいても、システムインテグレーターを経由して機器を購入するほうが、トラブルが少なくなると思われます。日本の企業において通信端末を調達する場合には、各種の品質保証や有害物質含有などに関する各種の試験結果の提出が必要になります。また輸出入に関する書類の準備も非常に煩雑であり、もしユーザー企業が自分で通信端末を選択した場合に、ここをあまり考慮せずに海外製の製品を選んでしまうと、このようなものがあまり用意されておらずに大変苦労する場合があります。ある程度M2M/IoTの経験を持っているシステムインテグレーターの場合、提案してくる機器自体がこのような点を考慮して選択されている（と信じたい）ので、この部分の苦労はかなり差が出ると思われます。

3）システムインテグレーターが生み出す価値とはなにか

これまでの説明を踏まえて、システムインテグレーターが創出する価値を考えてみたいと思います。

あるユーザー企業がM2M/IoTのシステムを構築するためには、さまざまなサプライヤーの機器やサービスを選択して、それぞれが組み合わされた状態で相互に問題なく動作するように調整していくことにより全体のシステムを作り上げていく必要があります。また、構築途上でも運用状態に入ったあとからも、さまざまな問題が発生するので、それぞれに対して適切に対応していくことが必要になります。システムインテグレーターは、この部分を代行することにより、ユーザー企業が多くの人的リソースを使うことなく計画通りにシステムの導入を実現できるようにします。

もしシステムインテグレーターが、1社だけの顧客を持っているのであれば、効率という意味ではまったく向上する要素がありません。しかし、システムインテグレーターが複数のユーザーに対してシステムを提供する場合、ノウハウやドキュメント、実施した試験の結果やプログラムコードなどが再利用できるので、効率が向上します。

すなわち、システムインテグレーターが提供する価値とは、ノウハウなどを横展開することにより、ユーザー企業のM2M/IoTシステムの導入と運用の負荷を減らすこと、と言えるでしょう。

日本のユーザー企業の多くは、システムインテグレーターを活用してM2M/IoTのシステムの構築と運営を行っています。日本のM2M/IoT業界におけるシステムインテグレーターの存在価値は非常に高いと言ってよいでしょう。

3.3　M2M/IoTシステムを導入する際にはどのようなベンダーに声をかければよいのか

M2M/IoTシステムのサプライチェーンを前節で解説しました。あなたの会社がM2M/IoTにとって「事業主体」であり、M2M/IoTシステム全体の導入を検討しているという立場の場合、あなたの会社が声をかけるベンダーは前節の図で記載されているシステムインテグレーターということになります。

もちろん、M2M/IoTシステムの構成要素をそれぞれ別々に調達して、「事業主体」であるあなたの会社が自分でそれぞれを結びつけて全体システムを構成するというケースもないわけではありません。しかし、それができるのはM2M/IoTシステムを以前から使いこなしていて、自社で十分なノウハウを持っている場合に限定されます。

システムインテグレーターにシステム全体を発注する場合、コストの合計という意味ではそれぞれを別々に調達する場合よりも高くなる場合が多いです。しかし、センターシステム側のアプリケーションと、通信、通信端末、そして自社の装置を相互に接続して問題なく動作させるということはかなり大変な作業になります。正常状態での動作を作るだけであれば、技術的にそれほど難しいわけではありませんが、さまざまなエラーケースに対応して、最終的に通信端末側を無人で運用し続けられるレベルにまで作り込むには、いろいろなノウハウが必要であり、簡単にはできないものと考えたほうがよいでしょう。

さらに、運用後の保守の観点も重要です。あなたの会社がアプリケーションと、通信、通信端末をそれぞれ別のサプライヤーから調達したとすると、そこに障害が発生した場合は、あなたの会社が障害を分析して、どの部分に障害が発生しているかを切り分けた上で、該当するサプライヤーに対処を依頼するということが必要になります。

いままで多くの企業でM2M/IoTシステム導入の検討時の様子を見てきたなかで、アプリケーション、通信、通信端末を別々に導入するように検討を進めていた企業もいくつかありました。しかしその多くが検討を進めていくうちに、システムインテグレーターからトータルシステムを導入するということが最終的な結論になっています。

【詳細解説6】M2M/IoTの主役が通信キャリアからシステムインテグレーターに変わった歴史

日本の通信業界においてM2Mというビジネスが始まったのは、NTTドコモが1999年にモバイルアークというモデム型の通信端末の販売を開始したときからになります。モバイルアークは、RS232Cのインターフェースにて通信機器と接続され、PDC（日本の第二世代の携帯通信の方式）でNTTドコモの通信サービスが利用できるようになっていました。最初に発売されたモデルの製造メーカーは松下通工で、その後、三菱電機や日立国際電気からも同じカテゴリーの通信端末が発売されました。

その後、M2M用の通信機を独自に開発したいというメーカーの需要により、通信キャリアは組み込み用の通信モジュールが販売され始めました。NTTドコモは、「DoPaユビキタスモジュール」という商品名で、PDC方式に対応した通信モジュールの提供を開始しました。2004年のことです。製造メーカーは日立国際電気や富士通です。その後KDDIからもいくつかの通信モジュールが発売され、また現在のソフトバンク（当時の社名はボーダフォン）からも1機種の通信モジュールが発売されました。

これらのモジュールは、通信キャリアから販売されており、当然ながらその通信キャリアのネットワークのみが利用できるような仕様でした。

通信キャリアはこれらのモジュールの販売価格にインセンティブを付けることにより、実際の製造価格よりも安い価格で通信モジュールを市場に投入しました。この施策により通信モジュールの（見かけ上の）価格が下がることで、M2Mは国内で大きく普及が進むことになりました。

この状況に変化が現れたのは2007〜2008年頃です。2007年には、世界で最も大きなシェアを持つ通信モジュールメーカーであるシーメンス（当時のこの事業部門はその後独立し、ジェムアルトというSIMカードのメーカーに買収される）が、ソフトバンクとパートナーシップ組んでメーカーブランドの通信モジュールを日本で提供することを発表しました。また同時期に、NTTドコモはパソコンに搭載する形式の通信モジュールがメーカーブランドの形で提供されることを許容するようになりました。やがて、ソフトバンクは他のメーカーの通信モジュールも取り扱うようになり、NTTドコモもM2M用の通信モジュールにもメーカーブランドでの供給を許容するようになっていき、通信キャリアブランドのモジュールは徐々にシェアを落としていくことになりました。

さらに、通信モジュールを搭載したM2M用の通信端末についてもメーカーブランドのものが現れ、やがてそれは特定の通信キャリア専用の装置ではなく、マルチキャリアに対応するようになっていきました。

このような状況になってくると、M2Mのユーザー企業は通信端末と通信キャリアを独自に選ぶことが可能になります。

そしてその動きと並行して、システムインテグレーターが通信端末、通信サービスにサーバー側のアプリケーションも含んだトータルシステムを提案するような動きが始まります。

2010年4月に富士通はFenics IIサービスを基盤としたM2M通信による遠隔監視サービスを立ち上げるとの発表を行いました。この富士通の発表は、国内最大手のなかの1社である富士通がM2Mシステムの提供を本格的に行うことを宣言したということで、非常に大きな一歩となりました。

その後NECが、2011年8月に「Connective」という名称でM2Mプラットフォームの提供の開始を発表し、2012年3月にはNTTデータが「Xrosscloud」という名称のM2Mのトータルソリューション体系を発表しました。

これ以降、これら大手企業の参入以前からM2Mに関するトータルソリューションの提案能力を持っていた安川情報システム、サンデン、村田機械、ユーピーアールなどの中規模企業のシステムインテグレーターも含めてシステムインテグレーターの選択肢が一気に増加します。このような状況になると、ユーザー企業も通信キャリアを選択するのではなく、システムインテグレーターからトータルソリューションの提案を受け、それが自社が実施したい業務改善の方向性とマッチしているかどうかでサプライヤーを選択するようになります。通信キャリアは結果としてトータルソリューションのなかに組み込まれているものでよいということになり、通信キャリアは直接ユーザー企業に売り込む機会は減少していきました。

当初は通信キャリアがマーケットを開拓し、通信キャリアがドライブすることによって発展してきたM2M業界ですが、このようなプロセスを経て通信キャリアは徐々に主役の座から降りていったのです。

3.4　M2M/IoTシステムのベンダーをどのように評価すればよいのか

3.4.1　RFPをどう書くべきか

M2M/IoTシステムのRFP（Request For Proposal：提案依頼書）の作成は、かなり難しいと考えてよいでしょう。M2M/IoTシステムを導入する側は、M2M/IoTについて熟知しているというわけではありません。つまりRFPを書く側はM2M/IoTシステムで何ができるのかを完全には把握していない状況です。にもかかわらず、M2M/IoTシステムは業務フローを改善する、すなわちあなたの会社の事業におけるあなたの会社特有の既存の業務フローについて、いままでと違う業務フローを実現するために導入されるのです。

さらにM2M/IoTシステムを導入すると、いままでは存在しなかったもう1つも業務フローを考えなければなりません。それは通信端末を自社の機器に取り付けて出荷し、通信機能をアクティベーションして、データの取得を開始するまでの新規の業務フローです。また同時にどの通信端末がどのお客さま向けの装置に装着され、通信や装置の稼動の状態がどうなっているかを管理するという新規の「情報の管理」が必要になり、その入力などの業務も発生します。

このような未知の領域について、事前に十分な精度の要件定義を行うことは非常にハードルが高いと言わざるをえません。しかもM2M/IoTのマーケットは立ち上がってから日が浅いので、このような点についてコンサルティングを行うことができる会社も非常に少ないので、外部のリソースの利用にも限界があるのです。

つまりこの状況では、これらの未知の部分については、ベンダー側に提案してもらうという方法が現実的な解になるので、RFPもその前提で書かなくてはなりません。つまり、要求仕様が明確化されていてそれに対して価格と納期を回答してもらうという形のRFPではなく、あなたの会社がやりたいことを記載して、それに対して実現方法を提案してもらうという形のRFPになるということです。

ただし価格について影響が大きいものは、きちんと抑えておくことが必要です。このパターンのRFPでのベンダー選定では、選ばれたあとにベンダーが開発範囲を決めるために協議を開始すると、要求仕様が膨れ上がって想定していた開発費ではぜんぜん収まらなくなるということが多いのです。このようなことをできるだけ避けるため、以下のような情報はきちんと社内精査されたものを用意し、RFPの条件としてきちんと示すべきです。

・現在の業務フローはどのようになっていて、どこに無駄があり、改善したあとの業務フローとしてはどのようなものを想定しているか。
・対象となる装置の種類は何種類あるか。
・それら装置と通信端末を接続する際のインターフェースとプロトコルはどのようなものか。またどの程度詳細な仕様書を提示可能か。
・その装置が展開される国あるいは地域はどこか。
・通信端末を装着した装置の出荷予定数。
・装置側ではどのようなデータが生成されるのか。
・エンドユーザーに対してはどのようなサービスを提供したいと思っているのか。そのサービスのために必要なデータは装置側で生成されるデータのうちのどれで、どの程度の頻度でサーバーに送られることが必要になるのか。
・エンドユーザー側がデータを閲覧するときの端末はどのようなものを想定しているのか。それはどのような種類の端末でどの程度正確に描画する必要があるのか。

・サービス開始予定時期、およびこのときまでには絶対に開始していなければならないという時期。

・開発や試験の実施環境としてどのような環境を用意できるのか。特に試験用に使える装置はどこにあってどの程度使用可能なのか。

・トライアル期間の有無。トライアル期間を設ける場合は、どのような数量の端末でどのような試験を行い、何をもって成功とみなすか。

このような部分は、実際の開発の量や試験にかかる期間に大きく影響するので、可能な限り正確に把握しておくことが重要です。

3.4.2　ベンダー評価における注意点

それでは、RFPを発行してそれに対する提案が集まったときに、ベンダーを評価する場合の注意点はなんでしょうか。

まず注目すべき点は、提案されているシステムがすでに稼動実績があるものかどうかです。

日本のシステムインテグレーターによる企業へのシステム提案は、その企業特有のオペレーションに合わせたシステムをスクラッチで開発するという手法が一般的でした。しかし、M2M/IoTシステムではセンターシステム側のアプリケーション、通信サービス、通信端末の間の相互接続性を確保するための難易度が高いため、この部分はすでに開発が完了していて他の顧客向けに稼動してしまっているものを可能な限りそのまま導入することのほうが、バグや障害を減らして導入までの問題点を少なくすることができます。つまり、ベンダーの評価においては、ソフトウェアの新規開発部分が少なく、すでに稼動実績のあるハードウェアとソフトウェアを最小のカスタマイズ開発だけで提供するベンダーを高く評価すべきなのです。

通信端末を増加していくときのオペレーションの方法も重要な事項となります。システムの開発が完了してあなたの会社が商用での利用を開始する時点では、一部の試験用に利用した通信端末を除くと現地に展開された通信端末がほとんどない状態から利用が開始されます。そして、毎月毎月新しい通信端末をそれぞれの設置場所に設置し続けて、通信端末が増加していくことになります。つまり、毎月毎月新しい通信端末を現地に設置していくことがあなたの会社にとっての「日常」となるのです。この「日常」のオペレーションに非効率な点や無駄なコストを発生させるものがあると、それはあなたの会社にボディブローのように効いてくるダメージとなります。

保守のための体制や対応時間についても、重要な判断事項となります。もしあなたの会社のM2M/IoTの用途が長時間の停止が許されないものであるのであれば、保守の対応時間が24時間365日の保守窓口を設置しているサプライヤーを選択することが必要になります。また、3.2節でも述べたように、M2M/IoTのサプライチェーンにおいてシステムインテグレーターの背後にはいくつかのサプライヤーが属しており、実際の問題の解決はそれらのサプライヤーによってなされます。システムインテグレーターだけではなく、システムインテグレーターとその背後のサプライヤーとの間でどのような保守条件でサービスが提供されているかを把握しておくことも重要です。

【詳細解説7】上流工程の重要性

M2M/IoTシステムの導入を成功に導けるかどうかは、検討段階において、導入の目的や実現するもの、前提とするビジネスモデル、初期に導入するシステムがカバーする範囲と導入の進め方、さらに導入後の機能拡張の方向性などをきちんと描いておくことが重要になります。

この上流工程が非常に大切なのですが、システムを導入するユーザー企業には十分な経験がないため、どこかから知識や経験に基づくアドバイスがなければ質の高い上流工程の検討を行うことができません。こうした需要に対して、例えば一般のITシステムの導入に関しては、これらのコンサルティングを行うITコンサルティングというサービスも一般的に使用されています（ただし、これはシステム提案を行うベンダーが行うことが多いので、十分に機能しているかどうかは微妙ですが）。

しかしM2M/IoTのマーケットでは、現在のサプライチェーンが確立してからあまり年月が経過しておらず、この上流工程をサポートするようなサービスがほとんど見当たらないというのが現状です。

このような状況のなかで、非常に興味深いビジネスを開始した企業が現れました。株式会社ウフルはもともと営業支援システムのSalesForce.comのパートナーとして知られていた会社ですが、最近ではIoTのコンサルティングを提供するようになっています。IoTのコンサルティングを提供するチームは、外資系コンサルティング会社の出身者を中心としたメンバーで、M2M/IoTを検討している企業に対して、事業化に向けて上流のコンサルティングの支援からPoC（Proof of Concept）フェーズでの実証実験、さらに本格的な事業化に向けた事業開発支援までをサポートしています。これはまさにM2M/IoTの導入プロジェクトの上流工程に関するノウハウの提供と言え、まさに現在の日本のマーケットで不足しているサービスを他社に先駆けて提供していると言えます。

M2M/IoTの更なる普及には、このような領域を担う会社が必ず必要になると言われていました。その分野にいち早く着目して、事業を拡張しているウフルには今後も注目していきたいと思います。

3.5　M2M/IoT用の無線端末は、スマートフォンやRaspberry Piではダメなのか

M2M/IoTシステムについて社内で提案を行ったときに稟議が通らない理由の1つとして、通信端末の値段があります。M2M/IoT用の通信端末は1台当たり数万円という価格になることが多いですが、多くの人にとっては携帯電話やスマートフォンは0円で入手可能なものという認識があります。このため、あまり事情に詳しくない経営層の人間がM2M/IoT用の通信端末を想定以上に高価なものと感じて、反対するということがあるのです。ここに非常に大きな誤解があります。携帯電話やスマートフォンは0円ではないのです。

携帯電話やスマートフォンを初期費用0円で購入できるのは、通信キャリアとの契約においてその後2年間にわたって毎月数千円の費用を払い続けるというプランに入るからなのです。一方、M2M/IoT用の通信サービスにおいては、データの量にもよりますが、毎月の通信費用は数百円に抑えられる場合が多いです。データ量が少ない場合は、100～200円程度という場合すらあります。つまり、毎月の費用が少ないので、通信キャリアは初期費用を肩代わりしていたメカニズムが使えず、端末の価格をそのまま支払う必要があるためその価格になっているということです。

2～3年のスパンで見ると、トータルの費用は十分に安くなっているので、決裁を行う経営層にそれをわかってもらうことが重要でしょう。

また、最近ではRaspberry Piのような開発用の小型コンピュータが非常に安価に販売されるようになりました。M2M/IoT用の通信端末も、多くはLinux等のOSを搭載した小型コンピュータに通信機能を搭載したものであるので、Raspberry Piに通信機能を付ければもっと安く同じ機能

が実現できるのではないか、と指摘される場合もあります。たしかに、トライアルや開発の初期段階において、まずは動くものを作るという目的であればRaspberry Piは非常に便利なツールなのですが、Raspberry Piで商用展開を行うというケースは逆にほとんどありません。

なぜRaspberry Piでは商用展開ができないのでしょうか。

1つは対環境性能という点に差があります。一般的にM2M/IoT用の通信端末として提供されている製品は、運用可能な温度範囲として−20℃〜60℃もしくはこれより広い範囲に対応していて、通常の民生用の携帯電話やスマートフォンよりも広い温度範囲をカバーしています。衝撃や振動への耐久力も十分な試験によって性能が確保されていて、これがRaspberry Piとは違う部分になります。

もう1つは、無人で運用することができるかという点です。

Raspberry Piの電源を切断する際には、shut-downを実施するコマンドを実行してから電源を落とすことが必要になり、「電源をいきなり切断するとトラブルの元となります」と書かれています。しかし、M2M/IoT用の通信端末は、電源の供給をいきなり切られてしまう場合が多く、仮に基本的に電源が常時提供されている環境におかれるとしても停電など何らかの理由で電源が遮断されてしまうことはそれなりの頻度で発生します。これでトラブルを発生してしまうものはM2M/IoT用の用途では使いものになりません。Raspberry Piに限らず、開発環境として提供されている小型コンピュータについては、電源が外部から切断されることに対応していないケースが多いので、そのような端末は商用展開には適さないと認識する必要があります。

それ以外に、OSのフリーズへの対応の有無も問題になります。ある程度高機能なOSを搭載した通信端末の場合、OSがフリーズするというケースは想定されていなければなりません。M2M/IoT用の通信端末として提供されている製品の多くは、メインのCPUとは別のCPUを搭載しています。それがメイン側のCPUやOSの稼動状態を監視していて、問題があれば電源のレベルでリセットをかけるということが一般的です。高機能なOSを搭載していながら、そのような機構がないものは、商用展開に不向きといってよいでしょう。

その意味では一般のWindows OSを搭載したPCも、無人で運用されるM2M/IoT用の通信端末としては不向きです。OSのフリーズへの対処は実装されていませんし、セキュリティのためOSの更新を頻繁に行う必要があるため、M2M/IoT用として人が介在せずに長期間使っていくには無理があります。

3.6 携帯電話用の無線ではカバーできない用途に対して、他の通信手段はどのような方式があるか

現在、市場にあるM2M/IoT用の端末のうち、半数程度は携帯電話の回線を使用していると言われています。それでは、携帯電話以外の通信回線としてはどのようなものがどのような用途で使われているのかというと、固定通信、衛星通信、PHSなどが現在使われています。さらに、LPWAという新しい通信方式が注目を集めています。それぞれについて解説していきましょう。

1）固定通信

M2M/IoTで使用される固定通信については、以下の3つに分類されます。

① アナログ電話回線やISDN

② インターネット

③ 専用線やIP-VPN

アナログ電話回線やISDNは、特に一般家庭に対してサービスが提供されるような用途で使用されています。例えば、警備会社が提供する一般家庭用のセキュリティサービスにおいて、侵入検知やガス漏れ警報などを送信するために通信が使用されていますが、これはアナログ電話回線やISDNが使われていました。現在、ISDNが廃止されることによる移行が話題になっています。

また、家庭用のガスなどのメーターの検針にもアナログ電話回線やISDNが使用されるケースがあります。

このメリットは、一般家庭の場合、エンドユーザーが加入している電話回線を利用するため、ランニングコストとして特別な追加コストが発生しないという点があります。

また、コピー機や複合機の遠隔監視についても、特に遠隔監視サービスが開始された初期の頃は、アナログ電話回線やISDNが使用されることが多かったです。複合機であればFAXのために電話回線が接続されていたため、フリーダイヤルでデータを受ける口を作っておき、複合機から定期的に監視情報を電話回線を通じて送るという使われ方をしていました。こちらの用途については、フリーダイヤルの電話料金がそれなりに高いため、固定電話回線はあまり使われなくなっていて携帯電話などに置き換わっているのが実態です。

次に②のインターネットについてですが、インターネットを使うということは、M2M/IoT用の通信端末を顧客企業のオフィスや工場に設置する際にその顧客企業がその場所で使用しているインターネットアクセス手段を借用して通信を行うということを意味します。

これは、携帯電話用の通信機能を持った比較的高価な通信端末が不要となり、月々の通信料金も設置者側が支払わなくてよいため、大きな経済的メリットがあります。しかし、多くの顧客企業がセキュリティポリシーにより他の会社が設置した機器が社内のネットワークにアクセスすることやインターネットを経由した通信を自由に使用することを制限しているため、多くの顧客企業においてこの手段が使用できないということが問題となります。

また、顧客企業のネットワークは、接続構成やファイヤーウォールの設定の変更などによって、M2M/IoT用の通信端末からのインターネット接続ができなくなる場合があります。この場合、M2M/IoT用の通信端末を設置した企業は、顧客企業に依頼して問題への対応を行っていく必要がありますが、原因が判明して解決するために非常に時間がかかる場合が多くあります。このように顧客企業のインターネットアクセス手段を利用する方法は、非常にコスト的なメリットがあるものの、問題も多く、限定的な利用にとどまっているというのが実状となります。

③の専用線やIP-VPNは、特に送受信するデータ量が非常に多いケースではよく使用されています。携帯電話の無線通信を利用する場合は、どうしてもネットワークの混雑などに影響され、大量のデータを常に安定して送ることはできないのですが、専用線やIP-VPNはそのような点では非常に優れています。非常に大きな量のデータを非常に短い間隔で送り、さらに通信に対して高い信頼性が必要となる場合には、専用線やIP-VPNが最も適した通信手段となります。

問題点は、固定費用が高いこと、および携帯電話と同じように人が住んでいない地域では通信サービスが提供されないため、利用できるエリアが限定されることです。

2）衛星通信

携帯電話用通信は、人が住んでいるところや人が活動するところにしかカバレッジが広がりません。まったく人が住んでいない場所で通信を利用する用途の場合、携帯電話用通信はカバレッジに入っていないことが多いため別の通信方式を使用することが必要になります。このようなケースで最も使われているのが衛星通信になります。

鉱山で使用される建設機械や各種装置については、携帯電話のエリアから離れたところで使用されるケースが多いため、衛星通信が使われています。また、極地に設置されたパイプラインの監視、船舶で輸送される貨物を監視する場合も衛星通信が使用されています。

3）PHS

PHSは、M2M/IoTの用途でかなり使われていました。NTTパーソナルから事業を継承したNTTドコモやアステルグループが撤退したあとも、M2M/IoTの用途ではそれなりのシェアを維持していました。PHSをM2M/IoTの用途で使う際にはどのようなメリットがあるのでしょうか。

1つは、アナログ固定回線からの置き換えが容易ということです。PHSは32kADPCMという非常に高音質の音声コーデックを採用しているため、アナログ固定回線で使用していたモデムがそのまま利用可能です。

もう1つの利点が、携帯電話に比べて電源の消費量が少ないということです。M2M/IoTの用途の一部には、通信端末に外部から電源を供給することができないため、設置時に搭載した電池だけで長期間使用し続けるような用途が存在します。例えば、地中に埋め込まれた水道メーターやAED装置の監視などです。これらに関しては、消費電力が小さいという理由でPHSが長らく使用されてきました。ただ最近では、PHSの装置を入手することが困難になってきたこともあり、携帯電話用の無線を使った装置に置き換えられています。

4）LPWA

2016年頃からLPWAという言葉をよく耳にするようになりました。LPWAとはLow Power Wide Areaの略で、2016年ごろから展開が始まった低消費電力でありながら広域に通信を可能とする通信方式のことになります。

具体的な中身は【詳細解説8】で説明しますが、特に通信端末の消費電力を低く抑えることができ、電源が供給できない場所に設定される通信端末が電池だけで長期間使用し続けるような用途には適しています。

5）ローカル無線について

最後に、追加となりますが構内配線を簡略化するローカル無線について解説したいと思います。

M2M/IoTの用途によっては、情報を取り込むためのセンサーがいくつかの場所に分散していることなどにより、1）〜4）で説明したパブリック な通信を行う通信端末とセンサーとの間を無線で結ぶということが多くあります。

例えば、オフィスや機器室のセキュリティを提供するサービスを考えると、ある程度の広さのオフィスや機器室では出入り口が複数あることは普通なので、それぞれのドアにセンサーを付ける必要が出てきます。また、天井の火災検知器や人感センサー、さらに金庫が置かれている場合には金庫のために特別なセンサーが設置されている場合もあります。通信端末とこれらのセンサーを接続するために有線のケーブルを使ってしまうと、工事のコストが非常に高価になってしまいます。

そこで、通信端末とセンサーの間にはその間をローカルに接続する無線通信が使用されることがほとんどです。これと同様の状況はセキュリティ用の端末にとどまらず、非常に多くの分野で発生します。

このようなローカル通信に使われる無線通信方式としては、以下のようなものがあります。

・WiFi

・Bluetooth（およびBluetooth Low Energy）

・ZigBee

また特定省電力無線による通信が使用される場合もあります。

それぞれの方式で、通信速度や無線の到達距離、上位のプロトコルとの整合性などが異なっており、それぞれの用途に合った方式が選択されて使用されます。

【詳細解説8】LPWAの概要と今後の方向性について

1）M2M/IoT専用の無線方式が検討される理由

現在M2MやIoTでは、携帯電話のネットワークがよく使われています。携帯電話ネットワークをM2M/IoTで使用する場合にも、使用する通信方式はスマートフォンとまったく変わりがないもので、通信キャリアのネットワークとしては両方の通信をまったく同じ方法で制御しています。しかし、データ使用量の観点で言うと、スマートフォンは私が普通に使っていると月に1GBを超えることもよくあるのですが、M2M/IoTの用途では1MB〜10MBくらいが最も多い使用量になります。すなわちスマートフォンとM2M/IoTでは、100倍〜1000倍くらいにデータ使用量の違いがあるのです。また携帯電話は外から電話がかかってくると、すぐに呼び出し音が鳴り始めます。これを実現するために、通信機は頻繁にネットワークからの電波を受信しており、これが消費電力の多くの部分を占めています。M2M/IoTでは、このような即時的な呼び出しは不要な場合が多く、そもそも呼び出し自体を行わないような使い方をされるケースも多いのですが、そうであっても携帯電話とまったく同じ呼び出しの仕組みを動かしています。

このように、携帯電話のネットワークを使用しているがゆえに本来M2M/IoTでは不要な機能に対応しなくてはならず、そのためデータ処理能力や消費電力に関して無駄な実装が必要になっているという状況があります。そんななかM2M/IoT用の別の制御方式の無線ネットワークを作り出そうという動きが現れました。

このような形で検討が始まった無線方式を総称して「省電力広域ネットワーク」（＝LPWA：Low Power Wide Area network）と呼ぶことが多いですが、この動きは大きく2つに分類されます。1つは通信キャリアがライセンスを保有して通信事業に使用している無線周波数の一部分を使ってM2M/IoT用の専用の方式で制御されるネットワークを作るという動き、もう1つはライセンス不要で使用できる無線帯域を使用してM2M/IoT用の専用ネットワークを作るという動きです。

2）では、非ライセンスバンドを使用する省電力広域ネットワークの動向を、そして3）で通信キャリアがライセンスバンドを使って実現しようとしているM2M/IoT用の通信サービスについての動向を解説したいと思います。

2）非ライセンス周波数を用いたLPWAの動向

非ライセンスバンドを用いた狭帯域広域ネットワークについては、参入しようとする企業や団体がいくつも現れていて、すべてのプレイヤーを把握することすら無理、という状況になっています。しかし、現実的にはSigFoxとLoRaという2つの方式を把握しておけば十分でしょう。

まずSigFoxですが、これはフランスに本社を構える会社で、900MHz帯の非ライセンスバンド（＝ISMバンド）を使用した独自方式の通信サービスを提供しています。通信速度は上り100bpsと非常に低速ですが、無線の到達距離は最大50kmとなっていて少ない基地局で広域をカバーすることができます。通信機の消費電力は低く抑えることが可能で、2.5AHの電池を用いて20年の電池寿命を実現できると言っています。SigFoxはすでに16か国でサービスを展開していますが、巨額の出資が集まっているため今後もエリアを拡張していくことでしょう。日本では京セラ系のKCCSが日本における唯一のSigFoxのサービス提供者となってサービスを展開していくことになりました。

もう1つのLoRaのほうは、通信機器や半導体のメーカーと一部の通信キャリアが参加したアライアンスの名称です。こちらもISMバンドを使用したM2M/IoT用の無線通信サービスを提供しています。通信速度は最大50kbps、到達距離は15kmで、電池寿命はSigFoxの20年に対してこちらは8年となっているようです。SigFoxが1つの国に1つの提供企業を定めてしまうのに対して、LoRaは日本においてもいくつもの企業がサービスを提供することになっていて、SigFoxとはかなり違うビジネスモデルを採用しています。このようなビジネスモデルの違いや、通信を制御する装置側の設計思想により、LoRaは全国で広域に使用するというよりも、特定のエリアで利用することに適したサービスになっています。使い方としては、前述したローカル無線に近いものになるでしょう。

3）携帯電話網を用いたLPWAの現状

携帯電話の通信方式として第四世代（4G）とも言われるLTEの通信方式が導入されたあと、LTEの通信速度があまりにも高速であり通信端末側で通信を制御するプロセッサなどに高性能なものを搭載する必要があるため、M2M/IoTの用途には不向きであるという声が聞こえるようになりました。そのため通信方式の標準化団体である3GPPでは、M2M/IoTの用途に適した狭帯域で低速の通信方式の策定を開始しました。この方向でいくつかの方式が提案されたのですが、現状でのLTEをベースとした低速の通信方式としてはLTE Category M1という方式が最もM2M/IoTに適していると言われています。

しかし、前述したSigFoxやLoRaなどの非ライセンスバンドでのより低速で通信端末の消費電力が少なくなる通信方式が話題を集めたことに刺激を受け、通信キャリアのなかにはさらに低速な通信方式をM2M/IoT用に作成しようという動きが現れ、NB-IoTと呼ばれる通信方式が2016年に標準化されました。

NB-IoTとして標準化された通信方式は、通信速度が250kbpsで到達距離が15km以下、電池寿命は5Whの電池で10年という値を実現できるものとなっています。また、通信端末の価格として5ドル程度を目指すという記事もあるので、通信機の低価格化にも期待が持てるようです。

NB-IoTについては、ヨーロッパを中心にオセアニアやインド、アフリカなどに多くの傘下の事業者を持つVodafoneグループが、今後のIoTで利用される通信方式として普及を推進しています。Vodafoneをはじめとするいくつかの海外の通信キャリアは、実証実験用に実際の電波を用いたサービスを開始しています。また、日本でもソフトバンクが実証実験を実施することを発表しています。

3.7　M2M/IoTシステムのベンダーとして実績のあるシステムインテグレーターの例

M2M/IoTシステムを提供するシステムインテグレーターは、非常の多くの企業が存在し、すべてを紹介しきれません。本書では、得意の専門分野を持ったシステムインテグレーター5社と、大手システムインテグレーターのなかでもIoT専任部門が積極的に活動している5社をピックアップして紹介したいと思います。

得意の専門分野を持ったシステムインテグレーター5社としては、安川情報システム、村田機械、サンデン、ユーピーアール、三井物産エレクトロニクスを挙げたいと思います。なかでも安川情報システムは、ロボットやファクトリーオートメーションで知られる安川電機の情報システム部門としてのバックグラウンドを持ち、自社製のM2M/IoT用の通信端末を中心としたソリューションを提供する、製造業に強いシステムインテグレーターとして知られています。

また大手システムインテグレーターとしては、富士通、日立製作所、東芝、日本ユニシス、NECを挙げておきます。なかでも富士通は、大手システムインテグレーターとしてはいち早くM2M専任の部署を立ち上げ、FENICS 2で知られる通信サービスと自社クラウドを組み合わせて技術力の高いシステム構築を行っています。

それぞれの会社の特徴を表にまとめました。

M2M/IoTに強みを持つ国内システムインテグレーターの一覧①

社名	バックグラウンド	主な製品	ポイント
安川情報システム	ロボットメーカー安川電機の情報システム部門	・通信端末のMMLinkシリーズ ・M2M用クラウドのMMCloud	・M2M/IoT業界の老舗として知られる ・事例紹介サイトも非常に充実している
村田機械	工作機械や通信機のメーカー	自社製通信端末と遠隔監視システムを組み合わせたGriDRIVEサービス	・自社自身が工作機械メーカーという背景を生かした実用的ソリューションを展開
サンデン	自動販売機械や店舗用冷蔵機器のメーカー	通信端末「モデルノ」	・自動販売機向けソリューションに強み ・店舗向けのM2Mソリューションの拡販を図る
ユーピーアール	物流用パレットのリース事業を行う	国際物流トラッキングソリューション「Global Tracker」一般機器用遠隔監視ソリューション「なんモニ」	得意とする物流分野のほか、コインパーキングや産業インフラの監視などにも実績がある
三井物産エレクトロニクス	電子機器を取り扱う商社	CalAmp社 ADVANTECH社 ATrack社の通信端末、および各種ソリューション	Libelium社の環境モニターソリューションを用いたIoT PoCパッケージを提供開始

M2M/IoTに強みを持つ国内システムインテグレーターの一覧②

社名	M2M/IoTを提供する体制	主な製品	ポイント
富士通	フェニックス系の通信サービス部門と、クラウド部門がそれぞれIoTソリューションを提供する	・通信端末のFUJITSU Network Edgiot GW1500 ・IoT用クラウドのFUJITSU Cloud Service K5 IoT Platform	・M2M/IoT業界の老舗として知られる ・事例紹介サイトも非常に充実している
日立	日立製作所の情報・システム社のIoTビジネス推進統括本部。また子会社の日立システムズ、日立ソリューションズ、日立産機システムでもソリューションを提供する	統合的なIoTプラットフォーム「Lumada」	これまでM2M/IoTへの取り組みは各部門で分散していたが、Lumadaにて統合される
東芝	インダストリアルICTソリューション社に専任部署を持つ	IoTスタンダードパック	・栗田工業や神戸製鋼所に採用される ・SPINEXというIoT向け総合アーキテクチャを提唱
NEC	NEC本体のほか、子会社のNECマグナスはM2M/IoT向け機器メーカーとして知られる	NEC the WISE IoT Platform	・GEとの連係を発表 ・NEC the WISE IoT platformは5層からなる機能を整備したIoT基盤
日本ユニシス	本体にてIoTソリューションを提供するほか、子会社のユニアデックスでも推進している	・IoTビジネスプラットフォームサービス ・無事故プログラムDR	IoTビジネスプラットフォームサービスにIoTデバイス管理機能を追加

【つまずきポイント13】

サーバーアプリケーションを実装する場所として、パブリッククラウドがよいと思うのですが、社内に反対する人がいます。

【解決策】

基本的にあなたの会社の方針に従うしかありませんが、いまや企業の業務を扱うシステムであってもパブリッククラウド上に構築することはどの会社でも行っており、M2M/IoTシステムの用途のほとんどについてはセキュリティ要件的にもパブリッククラウドを使って問題ないレベルのものです。他社事例なども使って説得しましょう。

【つまずきポイント14】

携帯電話用通信を使ったM2M/IoTシステムを導入しようとしていますが、LTEに対応した通信端末を使うべきなのか、迷っています。

【解決策】

2017年の時点では、M2M/IoTで利用できるLTE端末は種類があまり多くないうえに価格も高めであり、M2M/IoTシステムの導入において最初からLTE端末でスタートするというのは難しい状況です。しかし、2020年以降は3Gを廃止してLTEに完全移行する国が現れると言われており、M2M/IoT端末の利用期間を考えると、LTE非対応の通信端末を数多く市場に投入するのはリスクがあります。当初はLTE非対応の端末で展開を開始することが現実的ですが、サプライヤーを選択する際にはLTEの移行シナリオを持っていることを確認するようにしましょう。

【つまずきポイント15】

M2M/IoTのサプライヤーについて調べようと思い展示会に行きまし

たが、あまりにも多くの展示があり、頭が混乱してしまいました。

【解決策】

展示会のような場は、3.2節で記述したサプライチェーン上の各会社がブースを出してそれぞれの会社の製品を展示しています。サプライチェーンを理解してあなたの会社がどこに位置するのかを把握した上で、関係するレイヤーの会社を重点的に回るようにしましょう。

【つまずきポイント16】

M2M/IoTシステムの導入をシステムインテグレーターに発注する方向でベンダー選定を進めていたら、社内からシステムインテグレーターは価格が高いから使わないほうがよいと反対されました。

【解決策】

システムインテグレーターを使わずに、M2M/IoTシステムの各要素を別々に調達する場合、それらの要素間の連携についてはあなたの会社が責任持って実装しなければなりません。また、障害が発生した場合にはあなたの会社が障害内容を分析して適切なサプライヤーに対応を依頼しなければなりません。それができるのであれば別々に調達しても大丈夫ですが、それができる企業は日本中でも数えるほどしか存在しません。自社の能力を冷静に分析して、これらのことができないのであればシステムインテグレーター経由で導入したほうがよいでしょう。

【つまずきポイント17】

複数のベンダーからの提案が出揃いましたが、値段にかなり差があります。価格の安い会社を選ぶべきでしょうか。

【解決策】

このような場合に、絶対に「価格だけ」で選んではいけません。導入の際に発生するこまごまとした問題を解決して進めていける能力、導入後のトラブル発生の際の対応能力、そして導入されるシステムのあなたの会社にとってのオペレーションの容易さ、という点については価格以上の重要な判断基準になります。M2M/IoTシステムは一度導入したら5～10年使い続けることが前提となります。目先の価格的優位性よりもランニングでの負担の少なさを重視しなければなりません。

【つまずきポイント18】

M2M/IoTシステムを導入したいのですが、監視対象となる装置が携帯電話のエリア外で動作しています。どうすればよいでしょうか。

【解決策】

現行では主な対策は以下の2つです。1つは衛星回線を使うというものです。海上や離島、奥深い山岳地帯などではこの方法が適しています。もう1つは、例えば奥地の工事現場や農場、牧場などのように一定のエリア内にいくつかの通信端末が分布するという場合で、エリアのなかに携帯電話の受信可能な場所がある場合には、その地点にローカル無線の基地局を置いてエリア全体をローカル無線でカバーするという方法が使えます。

4

第4章　M2M/IoTシステムの導入と運用

◉

M2M/IoTのシステムの開発が終了したあと、ユーザー企業はそのシステムを実際の事業のために利用します。本章では、開発完了後の試験の実施方法や、実際のシステム運用が始まったあとに発生するM2M/IoT特有の課題点について解説いたします。

4.1　システムの運用開始までの一般的なプロセス

M2M/IoTシステムの構築は、一般的には以下のように進みます。

まず、M2M/IoTシステムを導入する企業が提供する開発環境（すなわち接続の対象となる機器）を利用して開発を進め、ひととおり動作するベータ版をリリースしてEnd-to-Endの試験環境を用いた動作検証を行います。その後、限定された規模の装置を用いたトライアルでの運用を開始します。数ヶ月のトライアル期間にてバグを取り除いたあとで、商用開始となりますが、通常はフレンドリーユーザーを対象とした小規模な展開から開始していきます。フレンドリーユーザーでの数ヶ月間の運用を経たのち、一般のユーザーにも展開を開始するというのが一般的です。

このプロセスのなかでM2M/IoTシステム特有の注意事項について、解説したいと思います。

まず1つ目は、可能な限り複数の地点で動作確認を行うようにするということです。例えば、日本国内だけでも携帯電話の通信方式や通信速度、および使われている周波数は都市の中央部と郊外さらに人口の少ない地域において違っています。通信端末を東京の中央部で使っているときにはうまくいっていたものが、郊外やもっと人口の少ない地域にもっていくとうまく動かなくなるということがあります。

さらに展開するエリアとして海外も見込んでいるケースでは、試験フェーズにおいて海外でも通信端末を動かしてみるということが重要です。通信端末を海外に持っていくとなると、海外の通信事情は日本国内とは大きく異なっています。LTEや3Gのカバレッジが限定され、ちょっと郊外に出ると2Gしか使えないというような通信事情の国は非常に多く、ネットワークの挙動や品質も日本とはかなり違っていると考えたほうがよいです。

開発段階で通信端末を海外に持ち出す用意ができていないという場合も多いかとは思いますが、少ない国の数でもかまわないので海外での動作試験は可能な限り組み入れたほうがよいでしょう。

このようなプロセスを経て、商用のサービスを開始するのが一般的なのですが、私の経験では運用開始後数ヶ月から1年程度はいろいろな問題が発生します。通信端末を各地に展開するためのオペレーションの手順や、センターシステムのアプリケーションや通信端末の設定などを見直す必要が出てくるケースがありました。少ない数の端末を使っていて進めていた試験フェーズでは把握し切れなかった問題点が、実際にある程度の数量の展開を始めたあとに発見されることは、ある程度想定されます。運用開始後数ヶ月から1年を目処に仕様の見直しと修正を行う余地を持ったうえで、サービス開始を行うほうがよいと思います。

その際に端末の設定変更を行う必要が生じる場合もあるので、少なくとも初期に展開する端末については遠隔での設定変更を可能なようにして出荷したほうがよいと考えられます。

4.2　通信端末を各地に展開する際の検討事項とは

4.2.1　SIMの装着や通信端末の設定をどのように行えばよいか

M2M/IoT用の通信端末、そのなかでも比率が多い携帯電話用の通信サービスを使用する通信端末については、通信キャリアから提供されたSIMをどこかの時点で装着しなければならないという運用上の制約が発生します。

また、携帯電話用の通信サービスを利用するM2M/IoTシステムにおいて、通信端末を現地に設置する場合、設置の前に通信端末に各種の設定を行わなければなりません。一般的に、通信端末は通信キャリアを特定せずに製造されています。特定の通信キャリア専用の通信端末であっても、通信先のAPNなどは個別の顧客ごとに用意されることが一般的であり、通信端末にそれらに対応する設定を行う必要があります。

さらに、データ通信を起動するために設定が必要なユーザーネームやパスワード、さらにSIMカードにセキュリティロックがかかっている場合はそれを解除するための設定を通信端末側に施す必要があります。

SIMカードの装着も通信端末への設定情報の投入も、通信端末を各地に展開するためには誰かが必ず行わなければなりません。あなたの会社が、システムインテグレーターにシステム全体を一括で発注するのであれば、そのシステムインテグレーターにSIMカードの装着と通信端末の設定を完了した状態で自社に納入するように要求するという方法もあります。

あるいは、通信事業者の代理店はそのような人員を持っているので、通信事業者の代理店が装着と設定を行うようにスキームを組むという方法もあるでしょう。あなたの会社が、専門の外注業者に直接委託するという方法もあります。

問題があったときの保守と問い合わせ先をシステムインテグレーターに一本化するという意味では、システムインテグレーターに実施するように依頼するのが一番よいのですが、システムインテグレーター自体はそのような部門を持っておらず、結果的にはコスト高となる可能性もあります。

いずれにしろ、SIMカードの装着と通信端末の設定にはコストがかかるものであり、通信端末1台を展開するためのコストには、この費用も見込んでおくことが必要になります。

4.2.2　通信回線の開通は、いつどのように行えばよいか

通信キャリアから提供されるSIMカードを実際に使用し始めるためには、通信回線を開通するというプロセスを実行することが必要になります。まず、通信回線を開通するということがどのようなことなのか説明します。

通信キャリアから提供されるSIMカードがユーザーに納入される時点では、「非活性状態」、すなわち通信は使用できないが課金も発生していない状態であることが一般的です。そして、SIMカードに関する通信サービスの提供状態を変更させて、通信を利用可能にする（それに伴って課金も開始する）ということが通信回線の開通の意味となります。

通信回線の開通の手順は、通信キャリアによってそれぞれ違っており、本書で詳細を記述することはできません。しかし、M2M/IoTの用途のSIMカードが実際の現場で通信の利用を開始するまでには、M2M/IoT用途としての特有のプロセスが存在します。M2M/IoTの用途のSIMカー

ドが装着された通信端末は、対象となる機械に装着されて、その機械が実際に機械の販売先に納入されその場所で稼動を始めるという順序で利用が開始されます。通信端末を機械に装着する時点で、機械からの情報の取得とそれを通信で送信する機能が問題なく動作することを実際に通信を用いて試験を行うことが望まれます。しかし、その機械はその後ある程度の期間、倉庫に在庫される状態となり、通信の試験のあと数ヶ月経ってから現場に設置されることが多いのです。このとき、通信端末を装着する際に行う通信試験のために回線を開通してしまうと、倉庫に保管している期間も開通後の月額基本料金を払う必要が出てきてしまいます。

これを回避するために、各通信キャリアではM2M/IoT用のSIMカードの状態管理プラットフォームを用意して、利用者側の業務プロセスに併せて開通作業と基本料金の課金開始時期を調整する機能を提供しています。

あなたの会社が直接通信キャリアを選択するのか、システムインテグレーターがパートナーシップを結んでいる通信キャリアに限定された選択になるのかはあなたの会社のベンダー選定の方法次第です。通信キャリアが提供する回線開通の手順が、あなたの会社の業務プロセスに合致するかは、ベンダー選択時のチェック項目に加える必要があるでしょう。

【詳細解説9】通信キャリアが提供するIoT（M2M）プラットフォームとは何か

携帯通信キャリアの多くはIoT（M2M）プラットフォームを提供していますが、これはどのようなものなのでしょうか。

通信キャリアが提供するIoT（M2M）プラットフォームは、通信キャリアが提供する回線（SIM）をM2M/IoTで利用する際に、利便性を高めるための管理機能を提供する制御システムのことを指します。通信キャリアのIoT（M2M）プラットフォームは以下のような機能を持っています。

①SIMの状態を利用者が制御できるようにする
②それぞれのSIMについて、通信の状態や履歴を利用者に提供する
③利用者に対して、利用者それぞれのための通信サービス利用環境を提供する
・データ通信に関して利用者専用のAPNを設置する
・データ通信を利用者のサーバーにまで届けるための固定通信サービスを構築する
・SMSの送受信用のインターフェースを提供する
④SIMを用いた通信に制限をかけることによりセキュリティを確保する

これによって、M2M/IoTで通信サービスを利用するユーザーはどのようなメリットを得るのでしょうか。以下に得られるメリットを挙げます。

①自社の需要に合った通信サービスを自社用の構成とインターフェースにて利用することができる
②自社の業務プロセスに合致したタイミングで、SIMの利用開始（＝課金開始）の時期を制御することができる
③通信の宛先の制限や通信量のモニタリングによって、SIMや通信端末が想定外の利用をされることを防止することができる

つまり、本来は公衆ネットワークとして作られている携帯電話用の通信ネットワークを、あたかも自社向けのネットワークのように使用することを可能とし、自社の業務プロセスとセキュリティ要件に合った運用を可能とするものが、IoT（M2M）プラットフォームということになります。最近では携帯電話用の通信サービスをM2M/IoT用途で利用する場合、IoT（M2M）プラットフォームで提供される機能の有無が非常に重視されるようになってきています。

4.3　システムや通信機能に障害が発生したら、何をすればよいか

システムの障害が発生した場合は、サプライヤー側に対処を依頼するということが基本となりますが、利用者側がどれだけ的確な情報をサプライヤーに提供できるかで、結果的に障害が解消するまでの時間と被害がどこまで大きくなるかが変わってきます。あなたの会社がシステムの障害に直面したときに、サプライヤー側に提供すべき情報は大きく2つのカテゴリーに分かれます。

1つは、具体的な障害の内容を可能なかぎり調査して知らせることです。単純にサーバーにデータが送られてこなくなったと言われると、サプライヤーはサーバーから通信サービス、通信端末のすべての可能性を洗っていく必要が出てきます。そこに、例えば通信端末のLEDの表示がどうなっているか、とか、2種類あるデータのうち実は片方は受信ができていて受信できなくなっているのはもう片方だけ、というような情報をあなたの会社から提供できれば、障害が発生している可能性のある箇所を一気に絞り込むことができます。

また、障害はいつから発生したか、あるいは複数の端末で発生している場合それらの端末にどのような共通性があるか、ということも重要です。このように障害についての詳細な情報を提供することは、解決のために非常に有効な行為となります。通常からサプライヤー側とは協議を重ね、どのような情報があれば有益であるか、意識を合わせておくことができればよりよいと思います。

もう1つ重要なことは、障害の規模や深刻さの度合いを伝えることです。障害の影響を受けている通信端末が、あなたの会社が使っているす

べての通信端末なのか、あるいは部分的なのか。もし部分的であるのであれば、影響を受けている端末の全体に対する比率はどの程度なのか。また障害の影響を受けているという場合、データの更新がまったく行われない状態なのか、あるいはすべて更新できないわけではないが、ある程度の頻度でエラーが発生している状態なのか。そうであれば、エラーの頻度はどの程度なのか。そのようなことを調査して情報として提供することは重要です。

このような障害の規模に関する情報は、サプライヤー側における障害対応の優先度に影響します。サプライヤーにはその先にさらにサプライヤーが存在する場合もあるので、より上流のサプライヤーにまで優先度を上げた対応をさせるためにも、影響度を正しく伝えることが重要となります。

パブリックな通信サービスを利用するM2M/IoTのシステム運用には、故障やネットワーク障害がつきものです。その意味では、通信が途絶すると利用者の安全や事業の継続に重大な支障が出るような用途については、そもそもパブリックな通信サービスを利用するM2M/IoTには適さないと言えます。障害を減らす取り組みは重要ですが、障害が一切許されないような用途については、バックアップ用の通信経路を二重三重に用意するなどの対処も考えることが必要になります。

【つまずきポイント19】

M2M/IoTシステムの受け入れ試験で、すべての通信シーケンスの検証を行いましたが、不足していますでしょうか。

【解決策】

携帯電話用の通信ネットワークは、場所や時間帯によって挙動が違います。大都市の中央部と郊外、さらにもっと人が少ない場所では電波の周波数の組み合わせや通信の最高速度などが変わってきます。多くの試験を一箇所で行うのは仕方がないですが、可能な限り複数の場所での試験も実施したほうがよいでしょう。

【つまずきポイント20】

通信キャリアの料金のなかに、プラットフォーム使用料というものが入っていて、社内でこの機能が必要かどうかが問題になっています。

【解決策】

通信キャリアが提供するIoT（M2M）プラットフォームの利点は、回線の開通の状態管理について、機械に取り付けられる回線にふさわしいプロセスが実現できることです。さらに、回線ごとの通信の履歴を把握することができ、トラブルシュートに役立ったり、異常な通信が発生した場合には早期に回線を停止したりすることができます。そのようなことにメリットを感じるのであれば、プラットフォームにて管理された通信回線を使用したほうがよいでしょう。

5

第5章　M2M/IoTの海外展開

近年、M2M/IoT システムを海外にも展開したいという需要が高まっています。本章では、M2M/IoT のシステムを海外に展開する際の課題や注意事項について解説します。

5.1　M2M/IoT用の無線端末を海外で使用するときに無線認証をどうすればよいか

本節では、海外において無線通信端末を使用する際に必要となる公的認証について解説します。なお、文章中に何が認証や規制の対象となり何がならないかを記載している部分がありますが、これはあくまでも一般論を参考情報として提示しているものです。個別ケースがそれぞれの認証の規制の対象となるかどうかは、必ず認証発行機関へ問い合わせて確認してください。

5.1.1　北米とヨーロッパの公的認証

まずはアメリカ合衆国（以下US）の公的認証について説明します。USにおいては、携帯電話のネットワークにアクセスする機能を持つ無線端末は、「FCC」と「PTCRB」という2つの認証を取得することが必要となります。FCCが無線に関する認証で、PTCRBが通信端末としての認証となります。

次にヨーロッパの公的認証を見てみましょう。ヨーロッパはEU加盟国を中心とした複数の国で、公的認証を一体として運用しています。つまり、以下に挙げる公的認証を取得すれば、いわゆる西ヨーロッパのほとんどの国で認証を取得した状態で端末を利用することができるのです。具体的な公的認証の名称は、無線に関する認証が「CE」、通信に関する認証が「GCF」となります。

ヨーロッパにおける公的認証に関しては、CEやGCFのほかに「R&TTE」という名称をお聞きになったことがある方もいらっしゃるかもしれません。R&TTEとは、CEやGCFも含み、さらにEMCやSAR、有害物質に関する認証も含んだ複合的な認証となっています。無線通信端末をヨーロッパで展開しようとする場合には、CEやGCFを個別に取得するのではなく、R&TTEを取得するという形をとることが多いです。

この西ヨーロッパにて運用されている共通の公的認証は、個々の国々で認証を取得しなくてよくなることから、端末を提供する側から見ると非常に便利なものと言ってよいでしょう。

5.1.2　各国の認証について

次に、USと西ヨーロッパ以外の公的認証について説明します。基本的に西ヨーロッパ以外は複数の国で共同で運用されているような公的認証の機関はなく、各国でそれぞれ認証を取得していく必要があります。多くの国では、日本の認証を取るよりは簡易な手続きで取ることができ、北米や西ヨーロッパの認証が取れていれば書類の申請だけで取れるインドのような国もあります。また、北米や西ヨーロッパの認証を取得する際の試験結果を提出すれば、そのまま取得できる国も多いです。

逆に取得が大変な国としては、やはり中国が挙げられます。中国は多くの手続きが必要なため、認証が取得できるまでの期間も費用も非常に大きくなります。また、認証を毎年更新していく必要があるため、費用が毎年発生することも大きな負担となります。

中国以外に認証に手間がかかる国としては、いくつかのASEAN諸国が挙げられます。これらのASEANの国では、技術的な条件というよりは、実際に端末装置をどのような条件で使用するのかという点についての情報提供を細かく要求されます。そのため、端末装置を購入していただくお客様からの情報取得を行いつつ手続きを進める必要があり、これが非常に手間のかかる要因となっています。また、情報の取得に時間がかかったり、書類の不備により何度か出し直しになったりすることにより、認証取得にかかる期間が予測よりも延びてしまうということも発生します。特にこれらの国は、対応する役人によって対応が変わったりすることもあるので、予定通りの期間に取得できないことがけっこう発生します。

各国の無線通信端末の公的認証の名称

国/地域名	公的認証の名称	通信端末に取り付けるマーク
アメリカ合衆国	FCC	FC
西ヨーロッパ	CE	CE
中国	NAL（ネットワーク接続）, RTA（無線）, CCC（品質）	CCC
韓国	KC	KC
台湾	NCC＆BSMI	NCC
オーストラリア	RCM	
ロシア	EAC	EAC
カナダ	IC	IC

5.1.3　ラベルの要否で展開計画に影響も

認証を取得した端末装置には、それぞれの国の公的機関が定めるロゴの付いたラベルを貼ることになります。海外の場合は、ラベルの貼り付けを義務付けていない国も多いですが、例えば日本の企業が無線通信をよく利用しそうな東アジアや東南アジアでは、半数くらいの国ではラベルの貼り付けを必須としています。

これが、すでに利用を開始している端末装置に対してある国の認証を追加で取得してその国に展開するという際に、非常に頭の痛い問題となります。すなわち、認証の取得後にラベルを作成しなければならず、そのリードタイムがそれなりにかかります。そして、すでに購入してしまって在庫している端末装置については、ラベルを別途入手して貼り付けなければなりません。これが展開計画にけっこう影響する場合があったりするのです。

以上のように、無線通信端末の海外での公的認証の取得は、かなり面倒でコストや時間がかかるものと理解しておいたほうがよいでしょう。

5.2　M2M/IoT用の無線端末を海外で使用するためにどのような手続きが必要になるか

本節では、海外に通信端末を輸出する際に必要となる書類や手続きについて解説します。

5.2.1　日本から物品を輸出する際に必要となる手続きや書類

まずは日本から物品を輸出する際には、輸出令や外国為替令の規定しているさまざまな制限事項に対して、輸出しようとしている物品が該当するかしないかを示す『該非判定書』を作成する必要があります。該非判定書には、それぞれの制限事項について該当するかどうかを記載していく「パラメータシート」の添付が必須で、このパラメータシートの作成が非常に大変な作業となります。さらに、このパラメータシートの書式は数年毎に頻繁に変わっており、一度作成しても数年経つと作り直しが必要になります。

通常は、この書類は通信端末装置のメーカーや、日本に輸入する代理店が用意することになります。海外の通信端末メーカーには、この書類の存在すら知らずまったく用意していないというところもあります。そのため、海外製の端末を購入する際に、このような業務に手馴れた代理店やシステムインテグレーターを経由せず、直接購入するようなことをしてしまうと、この書類を用意するために非常に苦労することがあります。最終的に日本から輸出することがわかっているのであれば、機器を選択する時点でこの書類の作成ができるかどうか確認しておきましょう。

これ以外に、輸出の際に必要となる情報としてECCNと米国原産製品の含有率などの情報を用意する必要があります。これは、米国輸出管理規制によって定められている規制をクリアするために必要となるのですが、この規制は米国には関係ない、日本から米国以外の第三国に物品を輸出する場合にも適用されるので、注意してください。これも、物品の購入を決める際に物品の提供者側に提出することを義務付けておかないと、用意するのが非常に困難になります。

5.2.2 有害物質含有に関する規制について

輸入に関してまず考慮しておくべきことは、有害物質が含有していないことの証明をどのように行うかという点です。有害物質に関する規制と言えば、RoHSが有名ですが、これはヨーロッパの規定となっています。RoHSは直近では2011年に改正となり、重金属や化学物質の10品目について許容される含有率が規定されていて、メーカーはそれらについて含有率が基準を満たすように製品を製造することが必要になります。

RoHSの有害物質に関する規制

物質	最大許容値(%)
鉛 (Pb)	0.1 (1000ppm)
水銀 (Hg)	0.1 (1000ppm)
カドミウム (Cd)	0.01 (100ppm)
六価クロム (Cr^{6+})	0.1 (1000ppm)
ポリ臭化ビフェニール (PBB)	0.1 (1000ppm)
ポリ臭化ジフェニールエーテル (PBDE)	0.1 (1000ppm)

一般に海外のメーカーに対して、RoHSの証明書を提出するように要求すると、RoHS指令を満たしていること宣言する宣言書だけが提出されるということが多いです。実際の含有率の測定データなどが必要になる場合には、製品の購入を決める際にそのようなデータの提示を条件として購入を決定する必要があります。

RoHSは、ヨーロッパが規定しているものなのですが、ではヨーロッパ以外の国の状況はどうなっているでしょうか。有害物質の含有についての規制を設けている国がいくつかありますが、今のところ大部分は規定そのものがRoHSに準拠するものであり、かつ該当するものを輸入禁止にするというものではなく表示すること義務付けるというような緩い規制になっているところが多いようです。ただし、各国の規制は常に変動していて、最新の情報を把握することが重要になります。そのため、ヨーロッパ以外の国に輸出する予定の製品については、前述したように単なるRoHS指令を満たしていることの宣言書ではなく、各物質の含有率の測定結果をデータとして持っておくほうが安全です。

各国の有害物質や化学物質の含有に関する規制

国名/地域名	規制の内容と施工時期
西ヨーロッパ	RoHS　電気電子機器に含有する有害物質について定めた規制（2006年より施行、2011年に改定） REACH　すべての製品に適用される化学物質の含有や取り扱いに関する規制（2007年より施行） WEEE　電気電子機器の廃棄・リサイクルに関する規制（2003年に施行、2012年に改定）
アメリカ合衆国（カリフォルニア州）	RoHSに相当する規制は、カリフォルニア州などいくつかの州で独自に規定されたものがある。REACHに相当するローテンバーグ化学安全法が2016年に制定された
中国	2016年7月より改訂版中国RoHSが施行。従来は2007年3月に施行されたものだった。CCCの取得の際には中国RoHSへの対応が確認される
韓国	2007年4月に施行。内容はヨーロッパのRoHS、WEEE、ELVを統合したもの
トルコ	2012年5月にトルコ版のRoHS/WEEE規制が改正される。従来は2009年に制定されたトルコ版RoHS
タイ	2009年2月に施行。ヨーロッパのRoHS規制と同等の内容
ベトナム	2011年9月に施行。2012年12月に改定があり、含有物質の開示が義務付けられた

また、通信機本体だけではなくてACアダプタや外付けのアンテナ、コ

ネクタなども対象となります。通信端末に同梱されていないものを利用する場合には、その調達先にも同様の要求を行うことが必要になるので、注意してください。

5.2.3 各国の輸入に関する規制について

有害物質以外に、海外側で物品を輸入するときの規制上の注意点もあります。

特に東南アジアの各国では、物品を輸入する際に、輸入者が輸入に関する認証を受ける（あるいは免許を取得する）ことが必要になるケースが多くあります。海外において通信端末の輸入の認証を取得することについて、筆者はあまり経験や知識がないのですが、通信機の公的認証が取れているかどうかがここで確認されるケースが多いと聞いています。非常に多種多彩な質問を受けることが多いようで、この手続きは多くの場合すんなりとは進みません。通信端末を購入した利用者が輸入者となることが多いと思われますが、その場合供給者側の協力が不可欠になるので、最初からある程度サポートが必要になるという前提で用意をしておくことが重要です。

5.2.4　M2M/IoT用の無線端末の海外での認証と輸入手続きの関連性について

最近、東南アジアのいくつかの国では、無線端末の公的認証の申請を受け付ける際に、輸入者が誰になるかを明確化することを求めるようになりました。これが、M2M/IoT用の無線端末における公的認証の取得の手続きをさらに難しくしています。M2M/IoT用の無線端末を複数の国で利用する場合、通常はM2M/IoTで監視対象となる装置への無線端末の取り付けはどこか一箇所の国で行い、輸出入は装置と無線端末が一緒になった状態で行われます。その場合、無線端末の輸入者はM2M/IoT

で監視対象となる装置を輸入する会社となるのです。すなわち、M2M/IoTのサプライチェーンで言うと、事業主体に該当する企業が輸入者になることが多いということになります。

前項で説明したように、事業主体となる企業は、通常、無線端末自体の取り扱いの経験はあまりないため、輸入業者となるライセンスの取得手続きが円滑に実行できない場合が多くなります。このような状態で東南アジアのいくつかの国で無線端末の公的認証を取得しようとすると、事業主体となる企業が輸入手続きを完了するのを待ってから手続きを開始する必要があり、手続きの長期化を招くことがあります。

またそのような国では、すでに公的認証を取得済みの無線端末であっても、違う輸入者が輸入する場合は何らかの手続きが必要になるので、これも注意が必要です。

5.3　M2M/IoTで得られたデータをその国の外に送信する際に制約はあるか

5.3.1　データの国外への送信を規制するケース

ローミングでM2M/IoT通信を利用すること自体は規制されていないものの、位置情報や個人のプライバシー情報を含むデータを海外に送信することを規制する国があります。代表的な例は、中国が位置情報を含んだ情報の海外への送信を規制していることなのですが、これについては明確に規定している法令は存在していないそうです。なんとなくこれまでの経験からこのようなことが規制されているというのが通説となっているようです。実際には規制当局の担当者がどう判断するかという部分が大きいようですが、いずれにしろ中国でM2M/IoT業界で働いている中国国籍の人たちも同じことを言っているので、このような規制が存在することは間違いないでしょう。

また、ヨーロッパでは個人情報を域外に送信してそこで保存することを、EUが定める「一般データ保護規則（General Data Protection Regulation：GDPR）」という規則にて規制しています。M2M/IoTで取得する情報に個人情報が含まれている場合には、サーバーの場所をヨーロッパの域内にするような措置が必要になるので、注意してください。

日本におけるサービスプロバイダにおいても、GDPRの規則にしたがって「拘束的企業準則（BCR）」と呼ばれる個人データの取り扱い事業者となる許可を得る動きが現れています。IIJや楽天はいち早く「拘束的企業準則（BCR）」の取得に向けた申請を行ったことを公表しています。

M2M/IoTで生成される情報において、個人情報が含まれるというケースはあまり多くはないと思いますが、どのような情報を個人情報として定義するかによっては規則に抵触する場合もありえますので、ヨーロッパに展開することを計画している場合は、この規制のことは意識しておくことをお勧めします。

【つまずきポイント21】

私の会社は、海外に販売した装置用に海外でM2M/IoTシステムを使いたいのですが、海外で通信を使うのは難しいと聞きます。どうすればよいでしょう。

【解決策】

以前と違い、海外で使えるM2M/IoTのソリューションは多く提供されています。本章で述べたような難しい点はいくつかありますが、決して日本の企業にとって対応不可能なものではありません。良いサプライヤーを選び、自社でもある程度の作業が発生することを覚悟するのであれば、海外での展開は実現できます。

6

第6章　会社の経営にM2M/IoTを生かす方法

M2M/IoT システムは、経営者にとって有益な情報を提供する経営支援システムとしての側面も持っています。本章では、M2M/IoT システムで生成されるデータを分析することによって得られる情報をどのように企業の経営に利用できるかを解説します。

6.1　M2M/IoTシステムをオペレーションの改善に有効に生かすために何を行えばよいか

M2M/IoTシステムの導入によって、情報を取りに行くために人が動いたり、モノから情報を取るために輸送されたモノの到着を待つことがなくなると、オペレーションを改善することができるようになります。しかし多くの場合、M2M/IoTシステムの導入だけでは完結しない社内業務の改善を同時に行う必要が出てきます。

例えば、自社が販売した装置の故障が遠隔で通知されることになったとしても、故障の検知のあとで派遣要員をアサインするプロセスが改善されていなければ、結果的に修理のための派遣までの時間の短縮は限定されたものになってしまいます。故障時に装置の内部状況が遠隔で送られてきたとしても、その情報を分析して故障の状況を解明する要員がすぐに確保できないのであれば、その後の工程はすべて分析結果待ちになってしまいます。その結果、経験の深い現地の技術者が訪問して故障の内容を確定させるというようなことになってしまいます。

すなわち、M2M/IoTシステムによるオペレーションの改善を実現するには、単にM2M/IoTシステムを導入するだけではなく、関連する業務プロセスを同時に改善する必要があります。そのためには、例えば自社の保守要員のスキルと居場所と空き時間の有無を管理するような別のシステムを導入することも必要になる場合があります。また、装置の詳細な診断結果が遠隔で得られるようになると、M2M/IoTシステム導入前は各地域にある程度分散させていた技術的スキルの高い保守要員を、むしろ中央の保守センターに集中的に配置したほうが全体の故障に対する処理能力が向上するという場合が多くあります。このようなケースでは、保守要員の人員配置を大きく変えることが必要になります。

また、顧客との間の保守契約の内容や、社内の保守業務からの売り上げの上げ方も見直しが必要になる場合が多くあります。部品の交換は部品ごとに使用期間が決まっていて、その期間が経過したら部品を交換するという方法が一般的です。しかし、M2M/IoTシステムの導入によって、その装置が頻繁に使われているのか、あるいは使用頻度が低いのかを遠隔で把握することが可能になり、部品交換の期間を装置の稼動量で決められるようになります。

このように稼動ベースで部品交換を行うと、装置を頻繁に使用する顧客において交換期間の前に部品が劣化して故障するという状況や、まだ劣化していない部品を交換してしまうという無駄は省けますが、顧客との間の保守契約の内容によっては、社内の保守部門の収支構造に問題が出てしまう場合が多くあります。

例えば、顧客との間の保守契約において、保証期間を過ぎた部品の交換や修理についてはその都度費用を請求することになっているとします。それが社内の保守業務の売り上げとして計上されている場合、稼動ベースでの部品交換に移行することにより交換部品の販売による売り上げが低下してしまい、部署としての収支が悪化したり、あるいは会社としての売り上げが減少してしまうということが起こります。

この問題を解決するためには、顧客との保守条件を見直して、固定的な価格による保守契約を締結し、稼動量ベースの部品交換はその固定費でまかなうような内容にするのが理想的な解決策です。しかし、日本の企業の場合、通常の保守に関して一切費用を請求していないという会社も多く、このような保守契約に移行するのは顧客企業側の抵抗感が大きいという業界が多く存在しています。

問題なのは、このように保守部門の交換部品の売り上げ減が予想されるため、M2M/IoTシステムの導入に踏み切れない会社が多いということです。これはこれまで日本企業にM2M/IoTシステムの導入が進まない大きな理由になっていたと思われますが、事態はいささか改善する傾向にあります。

M2M/IoTシステムの導入のメリットは、定期的に交換していた部品を稼動量ベースにするというだけではありません。実際に故障が発生した際の装置のダウンタイムを短くする、あるいは予兆診断により故障する前に修理を行うことでダウンタイムの発生自体を減少させる、といったこともあります。この点に関しては顧客企業としても十分にメリットを感じることができます。このような可用性を高めるような保守方法に移行するために、M2M/IoTシステムによる遠隔監視を実施して、そのために固定的な保守費用を支払うということについて、顧客企業側でも受け入れる余地が出てきたのです。そして、M2MやIoTという言葉が流行語となり、このような考え方が産業界全体に行き渡ることにより、顧客側の抵抗感はさらに減少しているといってよいでしょう。

ただし、それでも日本の多くの顧客企業において、保守は無料で提供されるものという固定観念が払拭されるところまではいっておらず、引き続きこの問題はM2M/IoTシステムにおいて大きな課題となっています。

6.2　蓄積データの分析から得られる知見を有効に生かすために何を行えばよいか

M2M/IoTシステムを運用していってそこから得られるデータが蓄積されてくると、その蓄積データを分析することによりさまざまな価値のある情報を取り出すことができるということは、【詳細解説2】で解説しました。

それでは蓄積データの分析から価値を取り出すために実際にどのようなことをすべきなのでしょうか。M2M/IoTシステムは、装置の自己診断の結果を継続的に蓄積していくことができます。しかし、実際に故障が発生したとして、それが本当に故障だったのか、どのような故障でどのような修理を行ったことによって回復したのかという情報は、M2M/IoTシステム内で得ることはできません。一般にこのような装置を提供して保守を行っている企業では、顧客からの問い合わせと故障の履歴、そして修理の履歴と内容を記録していくような保守システムを運用していると思われますが、M2M/IoTシステムの蓄積データを故障の予兆診断に使用するためには、この保守システムと連携して蓄積データと故障履歴の照合を行う必要があります。

また、ある企業に納入した装置の稼動量が上がってきたことは、新しい装置の買い増しを行うサインであり、それを読み取って営業が買い増しのための提案を行うということも、非常によくある使い方です。稼動の情報を集計するには、複数の装置を、提供先の顧客やその顧客の拠点毎に集計する必要があります。すなわち、顧客コードや工場・拠点のコードなどを、M2M/IoTシステム側で持っていることが、当然ながら必須となります。そして、例えば過去の装置の利用における稼動の上昇と買い増し契約の関係を統計的に整理しようとするのであれば、M2M/IoTシステムから得られた稼動情報と、販売管理システムから得られる販売履歴の整合が必要となります。その際に、顧客コードや拠点のコードがM2M/IoTシステムと販売管理システムとで合致していないと、そもそもデータを照合するだけで非常に労力がかかってしまいます。

このように、M2M/IoTシステムから得られた蓄積データを分析して価値を取り出すためには、社内で使用している別のシステムとの連携が必要となります。そして、顧客コードや拠点コード、あるいは製品や部品に関するコード体系がそれぞれのシステムで違っていると、データの照合が困難になるため、コード体系の統一などを図っていく必要があるのです。

6.3　会社の経営にM2M/IoTシステムから得られる情報を生かすには何を行えばよいか

コマツの例などから、M2M/IoTシステムから得られる情報が企業にとって経営支援情報となりうることは、すでに本書にて説明しています。本節ではM2M/IoTシステムから得られる情報を生かす経営について説明したいと思います。

M2M/IoTシステムから得られる情報を生かした経営とはなんでしょうか。それはデータドリブンな経営とも言われますが、経営の意思決定においてデータの分析結果を常に使用するという手法を採用することと言えるでしょう。

データドリブンな経営では、設備の増強や人員の増強、人員の配置の変更、オペレーションの改善の評価、新製品で実現する内容や新製品販売後のマーケットからのフィードバック、営業計画や販売目標の設定などのすべてを、具体的なデータを分析して得られる情報をベースに決定していくことになります。そのなかでもM2M/IoTシステムが効果を発揮するのは、自社が販売した装置の稼動情報などを用いることにより、業界マーケットにおける景気の動向や自社製品の需要の状況を把握し、自社の事業についての正確な予想を得ることができる点にあります。

データ分析による、自社事業の予測情報が入手できない場合、企業の運営は前年の実績や中長期計画をもとに作成された年間計画で行われていくことになります。企業の年間計画は前年度の後半くらいに決められますから、実際にその計画が施行されている時期から見ると1年くらい前に立てられた計画ということになってしまいます。この年間計画を忠実に実行し、そこで定義される販売目標の達成を絶対的なノルマとして事業を進めていくと、多くの場合以下のような弊害が出てきてしまいます。

・景気が悪化して新規契約の取得が難しい状況になっても、年間計画で定めた計画獲得数を達成するため営業部員の営業活動量を増加させる
・景気悪化時の生産量縮小が遅れて在庫が増加する。
・在庫を減らすために、値引きなどの不利な条件で販売する
・景気が良くなると年間計画を早期に達成できるので、達成してしまったあとは営業活動を減らしてしまう。
・生産量の増加が追いつかず、需要があるのに売るものがないという状況になる
・生産量を早めに増やしたくても、在庫を一定量以内に抑えるような社内ルールがあって早期に増やすことができない
・装置の稼動が上がってくると故障も増えるので、故障対応のため技術者のリソースが不足する
・システムの改修や関連会社の再編などのイベントを好景気時に行い、社内リソースの不足により新規獲得が停滞する

データドリブンな経営を行っている企業が、M2M/IoTシステムからマーケット状況を把握できれば、その景気の状態において自社がどれだけの売り上げを上げ得る状況なのかを判断したうえで、上記のような無駄な行動を避け、売り上げが上がるときには社内リソースを売り上げを上げることに投入し、売れない時期には中長期的な成長のための行動を行えるようになります。

すなわち、景気が悪いときにはデータドリブンな経営を行っている企業は以下のようなことを行います。

・生産量を減らし、在庫の増加を防ぐ

・営業部員は、新規の顧客獲得のための営業活動の量は減らし、代わりに既存顧客から現在の装置に対する不満点のヒヤリングをするというような活動を増やす
・社員教育の時間を増やし、社員の能力の向上を図る
・大きな組織改定などの業務の停滞を招くようなイベントをこの時期に行う
・社内レクリエーションなど、社員の一体化を図るような活動もこの時期に行う

景気が良くなる傾向が見えたときには
・生産量の増加を早めに決断し、在庫量も景気が悪いときよりも多めに持つ
・営業部員は、営業活動に専念する。営業技術や法務などの関連部門も営業支援以外の活動は極力減らす。人員が不足すると見込まれる部署は早めに外部リソースなどを利用して人員を確保する
・稼動が上がってくると故障も増えるので、交換部品の在庫を増やし、保守要員も人員を確保する（外部リソースなどの利用もあり）
・組織改定などの業務の停滞を招くようなイベントや、社員レクリエーションのような行事は先送りする

自社の売り上げに関する正確な予測のもとに企業活動を行うことには、もう1つ大きな利点があります。それは、M2M/IoTシステムが示す既存顧客の装置の稼動は上がっていて、景気の上昇が期待できる状況であるにもかかわらず、営業成績が上がらないという状況における経営判断です。こうした状況は、競合企業が強力な新製品を出したとか、さらには自社製品を代替できるような別のカテゴリーの製品が現れているなど、何らかの異変が起こっているということが考えられます。つまりM2M/IoTシステムで景気を正確に判断して、想定される売り上げを予測する

ことにより、それとは違う結果が出た際に自社製品に関するマーケット状況の変化を早期に検知することができるのです。

このように、前年に立てられた年間計画に縛られてがんばっても売り上げが上がらないときにがんばり、がんばればもっと売り上げが上がるはずの時期に努力をやめてしまう会社と、正確な予測に基づいて売り上げが上がるときにリソースを集中投入して、不景気のときは将来のための活動に重点を移す会社、この2つの会社が何年か同じマーケットで活動していれば大きな差がつくことは明確だと思います。日本企業のホワイトカラーの生産性が低いと言われるなか、M2M/IoTシステムで得られるデータを利用し、限られたリソースを効率良く使って最大限の結果を出していく、このような経営がグローバルの競争環境のなかで生き残るために必須となってきています。

【詳細解説10】データドリブンな経営はコンビニに学ぼう

データドリブン経営においては、経営者がさまざまな意思決定を行う際に、現状がどのような状態で意思決定の結果もたらされる変化がどのようになるかを可能な限り正確に把握することが必要です。そのために以前から社員からのレポートや売り上げのデータ、さらにマーケット予測などさまざまな社内外の情報が使われてきました。しかし、これまでは人手によって作成されたデータには量についての限界があり、経営者の勘や感性に頼る部分も多かったのが実態です。M2M/IoTなどの情報システムによりデータが自動的に生成されるようになると、人手に頼っていた時代に比べて格段に多くの量のデータが利用できるようになります。この膨大なデータをいろいろな分析手法を使って解釈し、それをもとに経営判断を行うのがデータドリブン経営ということになります。

データドリブン経営の偉大なる先行事例とも言えるのが、コンビニ業界になります。コンビニでは1980年代にPOSの導入が行われ、いつどこでどの製品が売れたのかという膨大な情報が生成されるようになりました。30年以上に渡ってPOSから得られるデータを経営に生かす試みが継続して行われたことにより、最先端のデータドリブン経営が実践されるようになっています。近年では、個人の購買履歴を把握することも可能になり、さらに進歩しています。

具体的に膨大なデータがどう経営に活かされているのかを見てみましょう。

まず最初は商店です。商品棚のどの位置に商品を置くと売れるのか、商品棚のなかでどの商品をどのように組み合わせて置くのがよいのか、さらに棚の配置により利用者の店内の動線をどのようにコントロールするのかなど商店内部の構成はすべてPOSを用いた検証により最適化されています。また、新店舗のための立地の評価も、過去のデータを利用して期待される集客数を正確に把握した上で判断されています。

次に商品です。新しい商品を導入する際には、例えばそれが食品であれば経営トップが味見をして導入が決まるのですが、その商品が売り出されたあとの売れ行きのデータはただちに分析され、数週間で今後の売り上げが期待できる商品になるかならないかの判断が下されます。また、商品は単純にたくさん売れるかどうかだけで評価されるのではなく、1日の売り上げは多くないものの非常に長期的に売り上げを維持するようなロングランの商品などもあり、その点も含めた評価が行われてその商品を継続的に売り続けるかどうかが決定されます。

また、商品自体に次に説明する運用への配慮が行われています。例えば、電子レンジで温めることを前提とした商品については、パッケージの形状を工夫して冷たい部分が残らないようにして温める時間の短縮を行っています。あるいはパッケージの工夫により棚に置きやすいようにして、品出しの手間を減らすような取り組みがされています。

その次は運用です。各店舗における品出し、商品の入れ替え、レジでの販売、賞味期限切れの商品の回収など、すべてのオペレーションは店舗の従業員の負荷を上げないように（あるいはできる限り少人数の従業員で店舗を運営していけるように）改善が繰り返されています。現在は、店舗オーナーによる商品の注文を自動化する取り組みが行われています。1つの店舗で取り扱う数千点の商品について、いつどれだけ仕入れるかを一人の個人である店舗オーナーが把握するには限界があります。これを曜日や天候、その店舗の過去の売り上げ傾向と全国の他の店舗の売れ行き状況を判断のベースとして、店舗オーナーに仕入れの量を推奨する仕組みです。店舗オーナーはそこに独自の判断も加えてオーダーを発行することができます。これは、例えば次の配送がいつになるかというような点も考慮された推奨値となっているため、売り切れによる機会ロスと売れ残りによる廃棄を最小化するような取り組みとなります。

また、配送車にはM2M/IoTにより車両管理システムが導入され、配送状況を本部にて把握し、配送業務の効率化を図るとともに事故や交通状況による遅延の発生などに備えています。

最後に顧客です。

Lawsonで使われるPontaカード、ファミリーマートで使えるTポイントカード、そしてセブンイレブンのナナコカードなどの導入により、一個人がどのような購買を行ったかが正確に把握できるようになりました。これにより、例えば1日1回以上来店するようなヘビーユーザーの購買傾向から、ヘビーユーザーを引き付ける商品はどのようなものなのかがわかるようになりました。また、公共料金の支払いなどの他のサービスで来店した顧客がついでに買いものをしているか、また買うとしたらどのような商品を購入しているかの分析により、サービスと商品販売の相乗効果を高めるような施策もされています。

このように、コンビニの行うほとんど施策はPOSから上がってくる売り上げデータを分析した結果を利用して検討されており、また実際に行われた施策の評価もPOSから上がってくる売り上げデータによって検証されていることがわかると思います。

以上をまとめると、30年以上に渡ってPOSから上がってくる売り上げデータを利用した経営を続けてきたコンビニ業界は、新商品の開発から日々のオペレーションの改善まで多くのことをデータ分析の結果をもとに実施してきていて、データドリブン経営の最先端の例と言えます。M2M/IoTシステムから上がってくるデータを経営改善のために利用する方法がわからない場合は、コンビニの例を研究すれば多くのヒントが得られるでしょう。

【つまずきポイント22】

M2M/IoTシステムを導入したのですが、思ったほどオペレーション改善の効果が現れていません。

【解決策】

オペレーションの改善において重要なのは、M2M/IoTシステムを導入することではなく、無駄な待ち状態や非効率な手順をひとつひとつ減らしていくことです。そのなかでM2M/IoTシステムが効力を発揮するものもありますが、それだけですべてが解決するわけではありません。プロセス全体を見直して、M2M/IoTシステムで改善されたもの以外の点についても問題点を見つけ出して改善していきましょう。

【つまずきポイント23】

これまでデータの分析はほとんど実施していませんでしたが、ベンダーから高度なAIシステムの導入を提案されました。使いこなせるでしょうか。

【解決策】

M2M/IoTシステムのデータから価値を取り出すために重要なことは、ツールではなくてどのデータを使うかです。AIシステムがどれだけ優れているかよりは、あなたの会社と類似する事業においてデータ分析を行った経験があって、どのようなデータをどのように処理すれば価値を取り出せるかというノウハウを持っているが重要です。結果的にAIが有効な場合もありますが、提案を評価する際には提案している会社の経験値や持っているノウハウを見極めることが重要です。

【つまずきポイント24】

M2M/IoTシステムからマーケットの傾向を示す情報が出てきているのですが、経営トップはそれを使うことなく、勘や経験で意思決定してしまいます。

【解決策】

この点の意識改革には時間がかかります。経営トップの意識が変わっていなくても、事業部門の上位者や実際に計画作業を行う実務者のレベルなどに理解者が増えていけば、少しずつ会社の経営計画に影響を与えていくことができるでしょう。まずは地道に賛同者を増やしていくことが重要です。

7

第7章　M2M/IoTの未来

◉

本章では、M2M/IoTシステムのこれからの発展の方向性を、技術社会の発展性の理論や最先端企業の実例などから導き出し、それが社会をどのように変革していくと想定されるかについて解説します。

7.1　技術の進歩の歴史のなかでM2M/IoTはどのように位置付けられるか

M2M/IoTの普及も含めた現在進行形の産業構造の変化を第四次産業革命と呼ぶことがあります。

第一次産業革命とは、教科書にも出てきたとおり、18世紀後半にイギリスで起こった蒸気機関を用いた軽工業分野での生産方法の革新を指します。第二次産業革命とは19世紀後半に起こった重化学工業に代表される石油や電気などを動力とする生産方式の発展を指します。第三次産業革命とは、20世紀後半に起こったコンピュータ制御による製造装置の導入による生産方法の革新を指します。

第四次産業革命は、明確な定義はないのですが、一般的にはロボットやAIそしてIoTなどのテクノロジーを駆使した生産方法の革新を指していることが多いようです。そのなかで、IoTとはロボットに代表される自動化された生産装置と、AI、すなわち情報分析と判断ロジックを持った制御装置との間の情報の送受信を担うものと位置付けられるでしょう。ロボットを手足、AIを頭脳と仮定すると、その間をつなぐ神経のような存在です。

そして第四次産業革命が実現を目指すものは、必要なものを必要なときに必要な量だけ製造すること。ともすれば少量多品種と言われることもありますが、それはいままでの生産のあり方が大量少品種に適用していたので、それを広げる意味で少量多品種の側面を強調して言っているだけです。実際には大量に作るべきものは大量に、多品種のものを少量作るべき場合にはそのように製造するということを可能とする生産手法の革新といってよいでしょう。

この方向性を予言したものとして、オムロンの創業者である立石一真氏が1970年頃に提唱した「SINIC理論」が非常に参考になると思います。

SINIC理論では、産業による社会構造が

工業化社会⇒機械化社会⇒自動化社会⇒最適化社会⇒自律社会

と発展していくという理論であり、現在は最適化社会を実現しようとしている段階と規定しています。

最適化社会という考え方と、必要なものを必要なときに必要な量だけ製造するということが非常にマッチしていることは言うまでもないでしょう。そして最適化社会では効率や生産性の追及から、ひとり一人の人間の生き方、働き方の充実のほうに価値観が移行すると言われています。少量多品種の製造は、ひとり一人の人間が自分の個性に合致したものを持ちたいという願望を満たし、個が尊重される時代を招くものと思います。

M2M/IoTとはこのような社内の大きな動きを実現するための1つの手段なのです。

SINIC理論

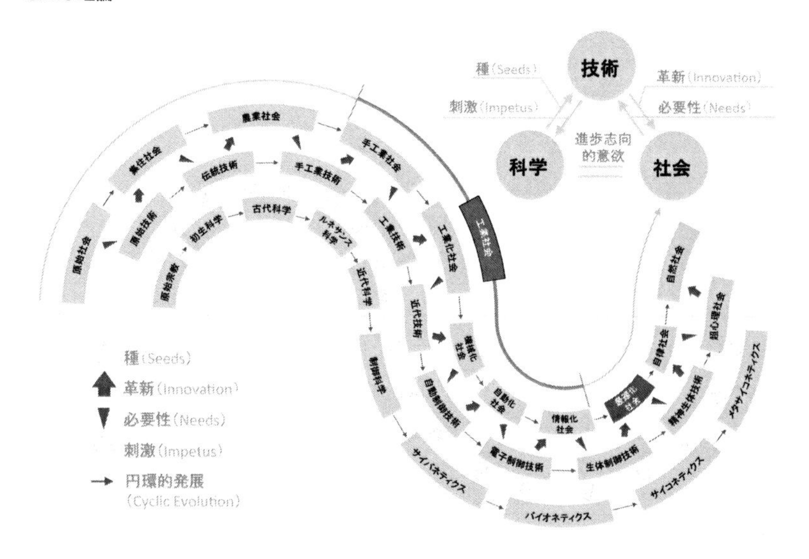

「SINIC理論」とは、オムロン株式会社の創業者・立石一真氏が1970年国際未来学会で発表した未来予測理論です。パソコンやインターネットも存在しなかった高度経済成長のまっただなかに発表されたこの理論は、情報化社会の出現など、21世紀前半までの社会シナリオを、高い精度で描き出しています。

SINICとは“Seed-Innovation to Need-Impetus Cyclic Evolution”の頭文字をとったもので、「SINIC理論」では科学と技術と社会の間には円環論的な関係があり、異なる2つの方向から相互にインパクトを与えあっているとしています。1つの方向は、新しい科学が新しい技術を生み、それが社会へのインパクトとなって社会の変貌を促すというもの。もう1つの方向は、逆に社会のニーズが新しい技術の開発を促し、それが新しい科学への期待となるというもの。この2つの方向が相関関係により、お互いが原因となり結果となって社会が発展していくという理論です。

（オムロン株式会社ホームページより抜粋）

【詳細解説11】コマツにもう一度学ぼう ― スマートコンストラクションが示すIoTの未来

KOMTRAXでM2M/IoTの最先端を走るコマツが、建設機械が使われる場である工事を根本的に改革する「スマートコンストラクション」というコンセプトを打ち出し、それを実現する製品群の提供を始めています。

スマートコンストラクションというコンセプトに基づいた工事の施工はどのようになるのかが例として示されています。

①ドローンを使って、実際の工事の対象となる区画の地形を正確に把握する
②現状の地形と工事が完成した際の地形の差分を求め、掘削作業がどれだけの量になるかを事前に判定する
③土が足りなくなるので補充が必要なのか、逆に土が余るのかを把握し、足りないのであれば必要な体積の土を事前に確保、余るのであれば処理する場所をあらかじめ確保する

④建設機械は、GPSをさらに高精度化した測位システムを搭載し、それぞれの場所で事前に設計された通りの施工を行っていく
⑤建設機械のアームの角度などもセンサーによって把握し、深く掘りすぎたり掘削が不足したりするようなこと起こさず、事前の設計通りに掘削を進めていく
⑥事前に工程が完全に計画されていて、実際の作業進捗は建設機械の稼動実績から自動的に生成され、完全な進捗管理を可能とする
⑦精度の高い作業計画があり、計画からの変動もリアルタイムで把握できるため、投入する複数の工程用の建機の確保や土の搬入や搬出などの作業、そして監査をする人のスケジュールの確保などが前工程が終わってからの確保ではなく事前に実施可能となる。これによりモノ待ち、人待ちで作業が停滞することがなくなる

これまではざっくりと工程の計画が作成され、土が足りなくなったらそのときに調達して、作業用の建機もざっくりした時期の予想に基づいて確保して、前工程が終わった報告を受けてからそれまでの施工内容をチェックし、何日かの予備日のあとで次工程が開始されるという手順のなかで全体の施工期間が決まっていたものが、スマートコンストラクションによる高精度な計画と正確な工程把握で予備日を最小化した最短の工程で進めることができるようになるのです。

ドローンや高精度の位置測位技術など先端の技術も使われているのですが、スマートコンストラクションが斬新なのは技術的な内容ではなくて、工事全体を“見える化”してコントロールするという発想と言えるでしょう。

すなわち、KOMTRAXにて建設機械の“見える化”を実現したコマツが、このスマートコンストラクションでは工事という作業工程全体を“見える化”し、コントロール可能なものとしたと言ってよいでしょう。私はこれをM2M/IoTのシステムと呼ぶには抵抗感があります。もちろん

M2M/IoTの技術も使ってはいるのですが、スマートコンストラクションで実現されるものはそれを超えて、ここに私はM2M/IoTの次に広がる世界の姿が見えるのです。

現段階のM2M/IoTが1つのモノに通信機能が搭載され、そのモノがかかわっている範囲の作業を“見える化”して最適化するのに対して、将来の姿は多くの人とモノがかかわって実現する一連のプロセスそのものを“見える化”して最適化する方向にいくでしょう。この考え方は工事だけに限定されるものではないので、対象となるプロセスも工事だけではなく製造、物流や農業、医療までさまざまな分野に適用されていくでしょう。

7.2　通信端末、通信サービスとM2M/IoTのビジネスモデルはどのように進化しようとしているか

通信端末の進化の方向として期待されるのは、エッジコンピューティングのコンセプトを実現する高度な処理能力を持った端末の出現です。エッジコンピューティングとは、センサーから入力された情報にたいする判断ロジックとアウトプットを送出する仕組みを実際の対象機器の近傍に設置することにより、通信回線に大量のデータが流入することを防ぎ、遅延の少ない応答を実現するという考え方です。クラウドコンピューティングがネットワーク上にコンピューターが設置されることに対し、こちらはクラウド（雲）よりも対象機器に近い場所に分散設置されるようになるため、フォグ（霧）コンピューティングと呼ばれることもあります。

すでに多くのM2M/IoT用の通信端末ではプログラミング用のAPIが開放されていて、ユーザーの独自の判断ロジックやアウトプットの生成を組み込むことが可能になっています。今後は通信端末側のロジックをサーバー側からダイナミックに切り替えて、データの取得の頻度や項目、さらにサーバー側に送るデータの量を変えていくという処理ができるように進化していくと思います。

また逆に、機能を少なくする代わりに価格を抑え、さらに消費電力を少なくすることにより簡易な電池だけで数年間以上使い続けられるような通信端末も現れてくるでしょう。これまで多く使われていた2G/3Gの携帯電話用通信に対応した端末ではどうしても消費電力を抑えられなかったのですが、LPWAを使用すれば格段に消費電力を抑えることができます。電源確保のためのケーブルの確保も不要で、置くだけで何年もの間

気温やその場所の位置情報などを通信を経由して送り続けるような端末が、もうじき現れてくると期待できるのです。

通信サービスはどのように進化していくでしょうか。もちろんLPWAの普及は大きな進化と言えると思います。単純にLPWAに置き換わっていくということでなくて、低消費電力と通信端末のコスト面で優れたLPWA、人が住んでいるところはほぼカバーしていて高速な通信を提供するLTEそして5G、地球全体をカバーする衛星通信、そして大容量で定額のデータ通信を可能とする固定通信とさまざまな通信方式が用途に応じて使われ、さらにハイブリッドの端末も現れて、多様化した用途に対応していくに進化していくと考えられます。

現在は携帯電話用の通信サービスにおいてSIMを管理するためのプラットフォームが普及していますが、これと同じ考え方で通信を制御・管理するプラットフォームがLPWAや衛星通信、さらに固定通信にも用意されて、ユーザーは用途に応じていくつもの通信方式をシームレスに使い分けていくことになるでしょう。

最後にM2M/IoTに関連するビジネスモデルの発展の方向性を説明します。

すでに本書のなかで、装置を販売するときの課金の方法が、モノを売るという形からその装置によって生成されたものや稼動状態などをベースにランニングでの費用回収を行うモデルに変わりつつあるという説明をしました。このビジネスモデルの改変の意味と効果について、ここで述べたいと思います。

このビジネスモデルの改変は、装置を供給する側にとっては苦しい状況です。装置を提供したあと、それが実際にあまり使用されなければ、装置を供給した企業は十分な対価が得られません。それが購入した企業の事業計画が甘かったという場合であっても、予想外に景気が悪化したという理由であっても、負担は装置を供給した企業に課せられるのです。しかし、このビジネスモデルの改変にはそれを超えたメリットがあります。

本書において工場のネットワーク化に関する説明を行った際に、工場のネットワーク化によって30％もの生産性の向上が実現された例を紹介しました。これは、工場を運営する企業にとっては良いことですが、装置を供給する企業にとっては必ずしも良いことではありません。すでに工場を3～4箇所で運営している会社が各工場の生産性を30％上昇させてしまうと、その企業がもう1つ工場を増設しようとしていた計画があった場合には、それを取りやめてしまうかもしれません。つまり、生産性の向上は装置の売れ行きを落とす可能性があるのです。

また、保守サービスの向上も似たような状況を起こす可能性があります。いままでは、装置の耐用年数を決め、その年数に達すると次の装置を購入するように利用者を促してきたものが、実際の累積の稼働時間をベースに交換時期を決めるとなると多くの場合、これまで以上に長い期間のあいだ装置を使用し続けることになり、これも新規の装置の販売を下げる効果をもたらすのです。

つまり、従来型の装置を販売したことによるコストの回収方法においては、供給者の側から生産性の向上や保守サービスの向上を言い出しにくいという現状があるということになります。

これに対して、装置の生成物や稼働時間をベースに課金を行うという方法になれば、装置自体は供給者側の負担で増設されるわけですから、1つの装置における生産性の向上は同じ量の生成物を供給するためのコストが下がることを意味します。また、耐用期間を過ぎたあとの交換も供給者側の負担で行われるわけですから、劣化していない装置はそのまま使用し続けたほうが供給者側にメリットが出るのです。

さらに新製品の開発にも影響が出るでしょう。これまでは、装置の供給者側が新製品として同じ生産量を生産可能な装置を低コストで作った場合は、結局その企業の装置の売り上げを下げることになっていました。つまり装置の高性能化を行っても企業はその対価を得られなかったのです。しかし、新しいビジネスモデルでは高性能化＝供給者企業の収益増になるのです。

これにより、製造業向けの装置において高性能化や低コスト化、高効率化が進む原動力が与えられるのです。

これが供給者側の企業に技術の向上へのモチベーションを与え、それが業界全体、さらには社会全体への活力の供給源となることが期待されるのです。

7.3　M2M/IoTが描く未来像

M2M/IoTが目指すものはSINIC理論で言うところの最適化社会の完成といってよいでしょう。

情報を動かすために人が動いたり、情報を運ぶためにモノを動かしたり、情報を得るために人やモノの到着をただ待っているようなことはなくなるでしょう。情報は瞬時に送られ、人やモノは必要なときだけ移動して、さらに移動し終わった際には次のアクションが用意されているということになります。製造、物流、消費や人々の生活の活動は統計的に集計されて、社会全体の動きが数値として解明され、近未来に起こることが正確に予想されるようになります。そして人や企業の活動はその予測に基づいて行われていくことになります。

このような社会の実現はすでに夢物語ではなく、多くの分野でこの方向に向かった動きが起こっていて、それがどんどん広がっています。

その先には、IoTとAI、ロボット、車両の自動運転などさまざまな技術が融合して実現される自律社会の段階に向かうと思います。

SINIC理論においては自律社会とはかなり精神世界的に規定されたイメージになっているようですが、実際の人間と機械の関係はどうなるのでしょうか。私は、人間のやりたいこと、深層心理的に欲していてそうなると快適に感じることを機械が自動的に行うことにより、人々の日常の暮らしのなかのストレスや負担が解消されていくことをイメージしています。

そのとき、人間はどのような仕事をしてどのように生活していくのでしょうか。よく、機械にできることは機械に任せて人間は人間らしいことをすればよいという論調を見かけますが、人間らしいこととは何でしょう。そのとき雇用はどうなって、人々はどのような職業に就くのでしょうか。

私の考えでは、おそらく多くの人が企業に就職し、朝出社して夕方までオフィスや工場などの企業の設備で働くという就業形態はほぼなくなっているのではないかと思います。しかし、多くの人が何らかの職業を持ち、そこから得られた収入で暮らしていくという部分は実は変わらないのではないかと思っています。

人々が仕事のために使う時間や資源の消費などは最適化されて、最も効率のいい方法を追求していくのがよいと思います。しかし、人々が学び、楽しみ、リラックスする時間という部分には最適化の考え方は合っていません。仕事に使う時間の部分が効率化されたとしても、いやされるからこそ、学び、楽しみ、リラックスする時間は、最適化されずに人々に利用されるべきだと私は思います。

【つまずきポイント25】

M2M/IoTシステムの提案で、長期ビジョンを示すようにといわれて困っています。

【解決策】

コマツの例から考察すると、M2M/IoTシステムによって企業活動のなかのある部分が最適化されたあとの次のステップは、より大きなプロセス全体が自動制御と見える化によって最適化されるということだとわかります。例えば、製造装置や工場にIoTが導入された次のステップは、部材の調達から製造物の販売・納入までというような、企業としての生産プロセス全体の最適化になるでしょう。

そして、その後のステップは企業活動そのものを全体として最適化するということになると思われます。このような視点で長期ビジョンを作成してみるのが良いと思います。

あとがき

私がM2M/IoTにかかわることになったのは、日本の通信キャリアに勤めていた2006年のことでした。当時、その通信キャリアのなかでM2M/IoTを業務として携わっていたのはわずか4人でした。

M2M/IoTを実現するため、新しい社内プロセスの導入を提案しても、通常の携帯電話や、その頃出始めだったスマートフォンのためのプロジェクトで忙しいなか、M2M/IoTのために協力してくれる部署はごくわずかでした。

それから10年以上が経過しました。その後私は通信キャリアを退職してしまったのですが、現在ではその通信キャリアのなかで何らかの形でM2M/IoTにかかわっているのは社員の半数を超えているはずです。

私はその後海外系の通信キャリアの日本拠点で働き始めたのですが、当初はお客さまのところに売り込みに行ってもM2M/IoTのことを知らない会社も多かったですし、知っていたとしても自社の業務への必要性を認識していた担当者はあまり多くはありませんでした。

しかし現在では、日本の企業の多くが、M2M/IoTを使って自社の業務を改革することを、非常に高い優先度の経営課題として挙げるようになっています。書店では、非常にたくさんのM2M/IoTの書籍が売られています。M2M/IoT関連の展示会やセミナーは年に何度も開催され、それらの多くが多数の参加者を集めています。M2M/IoT、とくにIoTという言葉は、最も注目を集める技術用語の1つとなったと言ってもよいでしょう。

このようにM2M/IoTのマーケットはこの10年間で大きく変容してきました。私はその10年の間、M2M/IoTにかかわる業務を続けながら、そのなかでも変わらないM2M/IoTが価値を生み出す仕組みや、企業としてその価値を事業に生かすための考え方を常に意識していました。

2014年の11月から、私は当時同じ会社の同僚だった井田亮太さんが個人で開設したm2mboxというブログサイトに定期的に記事を掲載することになりました。また2015年11月からは、ユーピーアール株式会社のM2M/IoT向けの製品のサイトにて、M2M講座という連載記事を掲載してもらえることになりました。

これらの連載において、私はそれまで漠然として思い描いてきたM2M/IoTについての考え方を文章にまとめる形で発表することができたのです。本書は、この2つのサイトに掲載した内容を加筆修正したものになります。

この場をお借りして、私に記事の発表の場を与えてくださった井田亮太さんとユーピーアール株式会社に感謝の意を表したいと思います。また、本書の出版元である株式会社インプレスR&Dを紹介してくださった萩原史郎様、および株式会社インプレスR&Dの皆様にも心からの感謝を申し上げます。

2017年　3月　著者

著者紹介

和田 篤士（わだ あつし）

1991年、東京工業大学大学院修士課程修了。日本国内の通信事業者でキャリアを重ね、2006年から国内通信事業者のM2M通信サービスの立ち上げに従事。2011年からは、海外通信キャリアの日本拠点でM2M/IoTに関する技術営業職として、ユーザ企業との商談から導入、さらに導入後の運用サポートまでの幅広い領域の業務を担当している。また、10年に渡るM2M/IoT業界での経験と、国内外の技術動向に直接触れる立場であることを生かし、Webサイトへの記事の寄稿等の活動を行なっている。

◎本書スタッフ
アートディレクター/装丁：岡田 章志＋GY
編集：江藤 玲子
デジタル編集：栗原 翔

●本書の内容についてのお問い合わせ先
株式会社インプレスR&D　メール窓口
np-info@impress.co.jp
件名に「『本書名』問い合わせ係」と明記してお送りください。
電話やFAX、郵便でのご質問にはお答えできません。返信までには、しばらくお時間をいただく場合があります。なお、本書の範囲を超えるご質問にはお答えしかねますので、あらかじめご了承ください。
また、本書の内容についてはNextPublishingオフィシャルWebサイトにて情報を公開しております。
http://nextpublishing.jp/

●落丁・乱丁本はお手数ですが、インプレスカスタマーセンターまでお送りください。送料弊社負担に てお取り替えさせていただきます。但し、古書店で購入されたものについてはお取り替えできません。
■読者の窓口
インプレスカスタマーセンター
〒 101-0051
東京都千代田区神田神保町一丁目 105番地
TEL 03-6837-5016／FAX 03-6837-5023
info@impress.co.jp
■書店／販売店のご注文窓口
株式会社インプレス受注センター
TEL 048-449-8040／FAX 048-449-8041

あなたの会社がM2M/IoTでつまづく25の理由

2017年5月12日　初版発行Ver.1.0（PDF版）

著　者　和田 篤士
編集人　桜井 徹
発行人　井芹 昌信
発　行　株式会社インプレスR&D
〒101-0051
東京都千代田区神田神保町一丁目105番地
http://nextpublishing.jp/
発　売　株式会社インプレス
〒101-0051　東京都千代田区神田神保町一丁目105番地

印刷・製本　京葉流通倉庫株式会社
Printed in Japan

ISBN978-4-8443-9771-7

NextPublishing®
◉本書はNextPublishingメソッドによって発行されています。
NextPublishingメソッドは株式会社インプレスR&Dが開発した、電子書籍と印刷書籍を同時発行できるデジタルファースト型の新出版方式です。 http://nextpublishing.jp/